丛书总主编　卜延军　康复全
丛书副总主编　汪维余　马保民　王道伟　武　静

未来军事家学识丛书（之七）

武器装备

提升军力的重要因素

（Ⅰ）

主　编　　李桂玲　张应二
副主编　　董惠勤　张　伟　李印龙
撰稿人　　方石平　马文庆　覃千记
　　　　　张应二　李桂玲　董惠勤
　　　　　张　伟　徐　毅

蓝天出版社
www.ltcbs.com

图书在版编目(CIP)数据

武器装备：提升军力的重要因素. I/李桂玲，
张应二编著. —北京：蓝天出版社，2014.6
（未来军事家学识丛书 / 卜延军，唐复全主编）
ISBN 978 - 7 - 5094 - 1153 - 7

Ⅰ.①武… Ⅱ.①李…②张… Ⅲ.①武器装备 - 介
绍 - 世界 Ⅳ.①E92

中国版本图书馆 CIP 数据核字(2014)第 138535 号

主　　编:李桂玲　　张应二
责任编辑:陈学建　　武　静
封面设计:李晓昕

出版发行:蓝天出版社
地　　址:北京市复兴路 14 号
邮　　编:100843
经　　销:全国新华书店
印 刷 者:北京龙跃印务有限公司

开　　本:690 毫米×960 毫米　1/16
印　　张:13
字　　数:76 千字

版　　次:2015 年 1 月第 1 版
印　　次:2015 年 1 月第 1 次印刷
印　　数:1—3000 册
定　　价:29.80 元

总　序

　　"江山代有人才出，各领风骚数百年"。每个时代都必然会出现属于这个时代的军事家。那么，未来军事家将从哪里诞生呢？我们在翘首！我们在呼唤！

　　世界著名军事家拿破仑曾经说过："每一个士兵的背囊里都有一根元帅杖。"细细地品味这句名言，说得多么的好啊！它告诉我们：每一位将帅都不是天生的，都是从士兵或基层军官成长起来的；同时，任何一个士兵，都有可能通过自己的努力而一步步地获得晋升——从尉官到校官、从校官到将官，甚至荣膺元帅。

　　我们看到，拿破仑自己就是出生于科西嘉的一户破落贵族家庭，从一名律师的儿子，在接受了一定的军事理论教育之后，先是被任命为炮兵少尉，继而中尉、上尉，在土伦战役中一举成名并被破格晋升为准将，再后来，一步步地成为法国的最高统帅。而拿破仑旗下的元帅之中，据说，著名的内伊元帅是一名普通箍桶匠的儿子，拉纳元帅是一名普通士兵的儿子，而以勇敢著称的勒费弗尔元帅则曾是一个目不识丁的士兵……历数古今中外的著名将帅或军事家——吕望、曹刿、孙武、吴起、田忌、孙膑、韩信、李广、曹操、诸葛亮、周瑜、祖逖、拓跋焘、李世民、李存勗、狄青、岳飞、成吉思汗、朱元璋、戚继光、努尔哈赤、郑成功、毛泽东、朱德、彭德怀、刘伯承，亚历山大、汉尼拔、恺撒、古斯塔夫、苏沃洛夫、库图佐夫、克劳塞维茨、恩格斯、福煦、麦克阿瑟、朱可夫，等等等等，——这些灿若星辰的军事翘楚，又有哪一位天生就是将帅或军事家的呢？不论他们是出身官宦商贾之家，还是出身布衣贫民之室，也不论他们曾受训于著名军事院校，还是博古通今自学成才，更不论他们是文官还是武将或是文武兼备，他们都共同地经受了一定的军事理论和相关知识的熏陶、特别是经历了战争或军事实践的锤炼，于是才有了一个由低级军阶到高级军阶的发展进步历程。

那么，欲问未来军事家的成长和出现，会有什么例外吗？回答是：概莫能外！"问渠哪得清如许，为有源头活水来。"要打造未来的军事家，只能是从"源头"也即从现在着手——学习军事理论、把握相关知识，并在战争或军事实践中增长才干、得以提高。我们的这一观点，或许会引来这样的质疑：在今天相对和平的时期，没有实际的烽火硝烟的"战争熔炉"，未来军事家这一"钢铁"何以能够炼就？我们认为：没有别的更好的办法，如果不能直接地从战争中学习战争，那就只有间接地从前人的战争和他人的战争中学习战争。纵观历史，几乎没有哪一个伟大的统帅不曾认真地研读过前人的兵书战策；那些初出茅庐便显示出治军才干的传奇人物，也都是因为他们善于借助间接经验的基石，从而为自己建造了战争艺术的金字塔。在人类战争史的长河中，我们的前人或他人所亲历的战争，总是以经验、理论或知识的形式得以传承，在这种传承过程中，前人或他人的东西总是被后人所学习、所扬弃、所超越！过去的、现在的东西，也总是被未来的所替代！

本着这一宗旨和理念，我们为潜在的、可能的未来军事家们，设计并编纂了一套军事理论和相关知识方面的图书，我们很是珍爱地将其取名为"未来军事家学识丛书"，目的就是要为我军年轻的士兵和基层军官，同时也为社会上那些有志青年和广大军事爱好者，提供一套可资学习、了解和借鉴的军事学识方面的书籍。

俗话说，"不想当将军的士兵，不是好士兵"。同理，不想成为军事家的军人或军事爱好者，也不是真正好的军人和军事爱好者。而要成为一名军事家，也许（仅仅是也许）存在着某种天赋，但绝对离不开后天的军事理论的学习和军事实践的锤炼。该套丛书，针对当代职业军人和广大军事爱好者的特点和兴趣，特别是针对这个群体中广大基层官兵、莘莘学子和社会青年的特点和兴趣，从中外军事历史、军事理论、军事科技、军事文化和战争实践或军事实践等等所汇聚的军事知识海洋中，萃取其精要和"管用"的知识，精心打造了一套军事知识与军事精神的文化大餐，倾力钜献，是以飨之。

该套丛书按相关军事学科和专有知识编成，共15种，包括：1.《兵书精要：军事实践的理性升华》；2.《将帅传略：铁马金戈的战争舞者》；3.《战史精粹：铁血凝成的悲壮乐章》；4.《指挥艺术：作战制胜的有效法宝》；5.《军事谋略：纵横捭阖的诡道秘策》；6.《军事科技：军事革命的开路先锋》；7.《武器装备：提升军力的重要因素》；8.《军事后勤：战争胜败的强力杠杆》；9.《国防建设：生存发展的安全保障》；10.《军事演习：近似实战的综合训练》；11.《兵要地理：军事活动的天然舞台》；12.《军事制度：军队建设的基本法度》；13.《军事条约：管控兵争的协和约定》；14.《军事文化：文韬武略的历史积淀》；15.《军事檄文：激扬士气的精神号角》。

这套丛书的编纂，我们在坚持科学性、学术性、知识性的前提下，力争注入通俗性、可读性和趣味性的元素。每种图书，均抽取各军事学科和专有知识的基本内容，按一定的内在逻辑排序，并以图文并茂的形式、清新活泼的语言，夹叙夹议，娓娓陈述，同时附加言简意赅的学术性、导读性、总括性、按语性点评，以收画龙点睛之效。

需要说明的是，这套丛书的编纂过程，实际上也是我们每位参与者向前人和他人学习、借鉴、创新的过程。虽然我们已在每本书之后按学界的惯例注明了主要参考文献及其出处，以示我们对被参考者及其作品的尊重，但那还不足以表达我们对他们的感谢之情，在此，我们全体编者特向这些老师们表示深深的谢意，因为我们深知我们是站在老师们的肩膀上才得以成就这套丛书的。同时，这套丛书的编纂和出版，也得益于相关领导、专家、学者的宏观指导和具体建议，特别是得到了蓝天出版社金永吉社长、胡耀武副社长、陈学建编审等同志的大力指导，也得到了各书责任编辑认真的编辑加工，还有各书责任校对默默无闻的辛勤劳作。在此，我们也深深地向他们表示感谢。我们的真诚谢意既溢于言表，同时又深感无以言表。

现在，这套丛书承载着我们的编纂宗旨和理念，承载着各位编者的心血和汗水，承载着我们的前人和他人的辛勤和劳作，也承载着相关领导、专家、学者的嘱咐和希望，终于与读者朋友们见面了。亲爱的读者朋友们，你们是这套丛书的最终也是最高的评判者，我们全体编者一定恭听你们的宝贵意见，以使其更加完善，进而，更好地服务于全民国防观念的提升，更好地服务于高素质军事人才队伍的打造，更好地服务于当代革命军人战斗精神的培育，更好地服务于和谐社会、小康社会的建设。

付梓之际，是为总序。

丛书全体编者

2014 年 4 月

目 录　　　★ ★ ★

第一章　现代枪炮

"十字军"火炮：21 世纪的"勇士"

"十字军"火炮作为美军重要的地面武器，主要有以下特点：

一是射程远，射速高，威力大。"十字军"火炮采用了 52 倍口径身管，射程超过 40 公里，发射远程炮弹能达到 50 公里，大大高于现装备的榴弹炮。该炮由于采用液体发射药，省略

"十字军"火炮

了弹药手根据射击需要向药筒内装药包的过程，而是通过导管将药注入药室，操作使用十分方便。加之有自动装弹机装填炮弹，因而显著地提高了射击速度，正常射速为 3~6 发/分，最大射速可以达到 10~12 发/分。"十字军"火炮具有 4~8 发同时弹着的能力，这意味着 1 门"十字军"火炮的效能相当于 1 个 M109A6 榴弹炮排的效能，毁伤目标的能力比现有火炮提高 1 倍以上。

二是射击精度高。采用液体发射药可有效地改善内弹道的性能，提高弹丸的飞行速度，由于其所发射的药量可以精确控制，因而可以准确控制射程的变化。车上装有先进的计算机火控系统，可以随时接收来自外部计算机和各种不同传感器提供的大量信息。弹药准备、方

向和高低瞄准、装填弹药等，只要通过信息显示屏监视装置上的读数便可操作，并可在运动状态计算射击诸元和控制火炮快速开火。"十字军"火炮精度远远高于 M109A6 榴弹炮，其 25 公里的圆周概率误差比 M109A6 小 50%。

三是载弹量大，可自动补给供弹。"十字军"火炮可携载 60 发 155 毫米弹头，而且只需要一个 208 升的贮存桶即可解决问题。配备的装甲供弹车上另有 130 发 155 毫米弹头和 1500 升液体发射药，3 名乘员用全自动弹药搬运装置在 12 分钟内可把 60 发 155 毫米弹头和相关液体发射药转移到火炮上。

四是机动性能强。现装备部队的 M109 系列 155 毫米榴弹炮在作战中，其越野机动能力一般，难以保证紧随主战坦克和步兵战斗车进行突击作战。而"十字军"火炮采用整体式推进系统技术，全新设计的履带式底盘，发动机功率 1500 马力，公路行驶速度为 65 公里/小时，越野时速达到 48 公里，公路行程为 465 公里，完全可以伴随机动部队作战。该车装有先进的自动定向和导航装置，能在复杂的战场环境中自动定位定向。

"十字军"火炮系统性能固然先进，但技术还不成熟，一些关键性技术还没解决。而美国国会却又比较倾向于采用先进的单元模块固体发射药，并减少了"十字军"系统 5 亿美元拨款。因此，"十字军"的前景未卜，何去何从难以预料。

"十字军"火炮

60 毫米迫击炮：快速反应部队的"宠物"

早在越南战争中的丛林和山地作战时，当时美陆军装备的 M29 式 81 毫米迫击炮战斗全重 55 公斤，由于笨重，造成机动困难，携带和操作不方便，不能及时给连提供火力支援，因而不得不把已经退役，休闲在家的 60 毫米迫击炮请到越南战场，发挥了较好的作用。于是，在 1970 年美陆军就提出了发展新的连支援火力，用轻型 60 毫米迫击炮取代 M29 式 81 毫米迫击炮。1971 年，沃特夫特和皮卡蒂尼兵工厂开始了 M224 型 60 毫米迫击炮的研制工作，1977 年投入生产，1979 年装备部队。

M224 型 60 毫米迫击炮由炮身、炮架、座板和瞄准具 4 部分组成。身管用高强度钢制造，长为 1075 毫米，重为 6.4 公斤，下部表面有螺纹状散热片。炮架上装有高低机，重为 6.9 公斤，座板由铝合金锻制，上面成圆形，下面有加强腹板，重为 6.4 公斤。M64 式夜视瞄准具重为 1.1 公斤，安装在炮管上，并配有重为 2.3 公斤、作用距离（可读出）10 - 10000 米的 AN/GVS - 5 式激光测距机。该炮行军时分解成两个部件，由两名士兵携带。该炮的发射方式有两种，既可以炮口装弹，由击针击发炮弹底火发射，也可以用炮尾

60 毫米迫击炮

部的扳机发射。

M224 型 60 毫米迫击炮战斗全重 20.8 公斤，最小射程 50 米，最大射程 3500 米。最大射速 30 发/分，持续射速 15 发/分，方向射界 7°，高低射界 0°至 +85°。该炮配有高爆弹、照明弹、发烟弹和教练弹。高爆弹为 M720 式，重为 2.25 公斤，其弹体为流线型，弹上装有 M734 多用途引信，有 4 种选择方式，即离地面 4.3 米处空爆，贴近地面 1 米处爆炸，触地炸和延期 0.1 秒爆炸。如果出现了选定的方式失灵这种现象，那么该引信会自动地顺延使用下一种方式爆炸。这种 M720 高爆炮弹的杀伤面积为 15×15 平方米。

为进一步减轻重量，提高机动性能和快速反应能力，该炮也可以取消炮架，采用体积很小的矩形座板，使战斗全重降为 7.8 公斤，单兵即可携带简易发射。此时，该炮的最大射程为 1000 米。

M224 型 60 毫米迫击炮属于轻便型连级火力支援用迫击炮，重量轻、射程远、射速快、威力较大，战斗使用十分方便。

> 【点评】60 毫米迫击炮是美军的步兵连和海军陆战队装备的迫击炮，由于其体积小、重量轻，携带和使用十分方便，利于在局部战争和地区冲突中发挥作用，成为美军轻型快速反应部队的"宠物"。

87 式自行高炮：又一个"猎豹"

从外形上看，87 式自行高炮很像德国的"猎豹"自行高炮，特别是炮塔部分，不过，底盘部分的差别比较大。"猎豹"自行高炮的跟踪雷达在炮塔前部，而 87 式自行高炮的跟踪雷达则和搜索雷达一道布置在炮塔后部上方。这一条，成为识别 87 式和"猎豹"自行高炮的最主要的外部特征。

87 式自行高炮的最大特点是"三位一体"。所谓"三位一体"，

87 式自行高炮

是指将高炮的火力、火力的指挥控制、电源供给这三大块综合到一体。如果再加上自身的机动，简直可以说是"四位一体"了。

从总体布置上看，中间是战斗室，后部是动力－传动装置。不过，炮塔以上的火力及火控系统，由于有雷达、光学跟踪装置、显示器、各种电子设备等，炮塔内部塞得满满的，没有乘员来回走动的余地，连弯背伸腰都不容易。炮塔内的两名乘员——车长和炮长并排而坐，左面为车长席，右面为炮长席。

单从车体的外形也可以看得出来，车体前部棱角突出，侧面垂直，车体后部的形状也有变化，其结果是 87 式自行高炮的车内容积增大，但动力－传动装置和行动装置则没有大的变化。

车内容积的增大，最主要的原因是为了安装辅助动力装置。自行高炮在战斗过程中是很耗电的，所以，要想本车供电，必须要有功率相当大的辅助动力装置。87 式自行高炮的辅助动力装置是柴油机－发电机组，位于车体前部右侧，其位置相当于原来 74 式坦克主炮弹药仓的地方。辅助动力装置的柴油机的进、排气管都在车体的前方。高温加上噪声较高，对车内的乘员会有些影响。但是，有了辅助动力装置，可以在主发动机不工作时，也能保证雷达高速旋转、搜索目标，高射机关炮也可以正常执行对空作战任务。

87 式自行高炮上的 35 毫米 KDA 机关炮重量为 670 千克，身管长 3150 毫米，发射速度为每门炮 550 发/分，使用的弹种有对空中目标和地面目标的不同弹种。对空中目标的弹种有燃烧榴弹、曳光燃烧榴弹、曳光半燃烧穿甲弹等。

KDA 机关炮的一个重要特点是：可以双向供弹，两种不同的弹药可以交替使用，随时从对空中目标射击转为对地面目标射击。对付地面轻型装甲目标时，采用曳光尾翼稳定脱壳穿甲弹，这种弹初速为1390 米/秒，在 1000 米的射击距离上，可击穿法线角 60°的 40 毫米厚的钢装甲，其交战距离估计在 3000 米左右，不超过 4000 米，实弹射击命中率高达 17%。

KDA 机关炮在炮管外侧加工有沟槽，以增大冷却面积，减少身管烧蚀，延长身管寿命。此外，在炮口处还安装了炮口初速测量仪。

87 式自行高炮可以和飞行速度 2.0 马赫数以内的敌机作战，从发现目标到实施射击的反应时间为 4 秒。而在相同的情况下，短程地空导弹，如毒刺式导弹等，一般要 8~10 秒，而 L90 高炮等则需要 4~8 秒。这样，可使自行高炮先发制人，抢先攻击敌方目标。两门 35 毫米机关炮装在炮塔外侧，既腾出了宝贵的车内空间，也减少了射击时的噪声和震动对乘员的影响。

【点评】87 式自行高炮是日本很有特色的一种装甲战斗车辆。具有一流的战斗性能，其最大特点是集高炮的火力、火力的指挥控制、电源供给"三位一体"。

AK-47 突击步枪：经久不衰的神话

AK-47 是由苏联枪械设计师米哈伊尔·季莫费耶维奇·卡拉什尼科夫设计的自动步枪。AK 是 Авомат Кадашниова 的首字母缩写。

从 1947 年定型起，AK 步枪已经成为现代武器经典。它最大的优点就是结构简单，结实耐用，故障极少，造价低廉，威力巨大。无论是在灼热的沙漠或是寒冷的冰天雪地，还是潮湿的热带丛林，AK 步枪都能大显神威，具有高度的有效性和可靠性。

AK–47突击步枪

在越南战争中，不少美国士兵扔掉手中的M16转而使用AK–47。究其原因，主要是因为M16在潮湿、泥泞的恶劣环境中，枪膛污秽严重，容易卡壳，故障率高，这在战场上可是会要命的。相比之下，AK–47结实耐用，故障率低，这也是AK–47备受青睐的重要原因所在。毫无疑问，AK步枪在同类轻兵器中绝对出类拔萃。

AK–47突击步枪虽然被公认为是一把好枪，是20世纪步枪行列中最耀眼的明星，但其缺点颇多，从性能方面说，它也存在着许多不足：AK–47枪管缠距偏小、M43弹的弹形欠佳、枪弹撞击目标时过于稳定，杀伤效果不理想。由于全自动射击时枪口上跳严重，枪机框后坐时撞击机匣底，枪管较短导致瞄准基线较短，瞄准具设计不理想等缺陷，影响了射击精度，300米以外无法保证准确射击（当然300米外如果不装瞄准镜，根本无法正常瞄准），连发射击精度更低，而且AK–47抛壳抛得很远，将近2米。实际上它可以满足以遭遇战为主的较近距离上突击作战的要求。子弹出膛时，枪管末端会有微小颤动，导致精度下降，有时士兵会抱怨为什么在连续射击时设计精准很差，直接击中目标的机会很少，M43弹的飞行也不稳定。没有战术改进的AK–47在现代战争中已经过于落后了。苏联和俄罗斯在过去60

AK–47突击步枪

多年的时间里，不断更新换代 AK 步枪，由原来的传统步枪转变成为现代化、多功能的步兵武器，可以加挂枪榴弹、日间和夜间瞄准镜和狙击瞄准镜等。

主要型号有：

AK-47：是为机械化步兵研制的突击步枪标准型。1949 年最终定型并正式投入生产，同一年被苏联军队正式采用。

AKC-47（AKS）：采用可折叠金属枪托的型号。枪托折叠长 645 毫米。供空降部队、坦克兵和特种分队使用。

AKM/AKMC：零部件大量采用冲压、焊接工艺，机匣用冲压工艺制造代替了机加工艺，重量减轻到 3.15 公斤。扳机组件上增加了击锤减速装置，消除击针打击子弹底火时哑火的可能性。枪口安装一个简单的斜切口形枪口防跳器，提高连发射击时的散布精度。AKMC 是AKM 的折叠枪托的型号。

РПК：在 AKM 突击步枪的基础上发展的班用轻机枪，РПК 是卡拉什尼科夫轻机枪的缩写。采用延长型枪管，折叠型两脚架（或三脚架），40 发弹匣和 75 发弹鼓供弹。重量 5.6 公斤。射程偏近。

AKN：带有夜视瞄准镜。

根据美国轻武器评论家伊泽尔博士的统计，AK 系列步枪是世界上生产量最多的一种步枪。美国国防中心数据显示，目前世界上有上亿支卡拉什尼科夫步枪。与此相比，美国著名的 M-16 步枪大约只有 700 万支。卡拉什尼科夫因此也被人们公认为世界级"枪王"——枪械设计大师。

对于有人指责他设计的枪械成为夺去无数生命的杀人工具，这位"枪王"坦言问心无愧："我睡得很好，问题在于那些政客未能和平解决问题，往往诉诸武力。我在'二战'时设计这种枪，是为了要击败强大的纳粹军队……我是为了保家卫国才这样做。要怪就怪纳粹令我成为枪械设计师。"

欧洲武器专家感叹说："卡拉什尼科夫垄断了苏联轻武器领域。

世界上有 60 多个国家的军队装备或部分装备 AK 系列。在轻武器发展史上恐怕只有马克沁、毛瑟和勃朗宁可以和它一比高低。"

【点评】AK-47 步枪已成为现代武器的经典。它最大的优点就是结构简单，结实耐用，故障极少，造价低廉，威力巨大。无论是在灼热的沙漠或是寒冷的冰天雪地，还是潮湿的热带丛林，AK-47 步枪都能大显神威，具有高度的有效性和可靠性。

H&K 手枪：21 世纪手枪

H&K 进攻手枪系统是美国 H&K 公司于 1993 年研制生产的。H&K 进攻手枪系统主要由手枪、消声器、激光瞄准具构成。

手枪采用枪管短后坐式闭锁系统，使用不锈钢枪管，弹匣为厚度 32 毫米的钢制双排弹匣。套筒座由一种含 15% 玻璃纤维的聚酰胺制成，套筒宽度 39 毫米。机械缓冲装置由一个装在复进簧内的抑制短弹簧制成，射击后枪管向后运动时，立即抑制枪管，使套座后坐力减小 30%。

该枪 12 发空弹匣重为 1.21 公斤，带 12 发弹、激光瞄准具及消声器重为 2.094 公斤，枪管长为 149 毫米。消声器外形尺寸为 35 毫米 × 190 毫米，重为 0.26 公斤，有 5 个圆形的隔音屏，该消声器符合美国

H&K 手枪

海军降低 32 分贝声响的要求。激光瞄准具重为 0.208 公斤，它带有 2 节 1.5 伏的 5 号蓄电池，可进行高低和方向调整，能够在水中承受 2 个大气压力达 2 小时而不影响使用，它安装在扳机护圈的前方位置，有 5 种功能。关闭时，带白色闪光灯的则见激光斑点，带红外闪光灯的则见红外激光斑点。激光瞄准具的外形尺寸为 103 毫米×35 毫米×74 毫米。

该武器系统有单动/双动和单动式两种方式，可发射 11.43 毫米 AcP 普通弹和 +P 弹。AcP 普通弹为全金属被甲，重为 14.9 克，弹头初速为 270 米/秒；+P 弹为被甲空弹头，重为 11.99 克，弹头初速为 348 米/秒。该武器射击精度较好，不用消声器时，能在 8.02 秒内射击 12 发弹。10 米的射距上，散布为 23 厘米×5 厘米；50 米射距上仔细地卧射散布仅为 6 厘米，这个结果像价值几千美元的传统手枪那么好；25 米射距上立姿射击散布为 6.3 厘米×7.6 厘米。装上消声器时，12 发弹在 9.3~11.3 秒时间内迅速射完。

H&K 公司已在 1995 年 6 月赢得了第三阶段生产合同，这包括提供 7500 支手枪、1950 具激光瞄准具和消声器。H&K 公司的进攻手枪武器系统已成为装备美军特种作战部队的 21 世纪手枪。

【点评】H&K 手枪具有诸多优点，它重量轻、体积小，便于随身携带。它耐腐蚀性强，利于在潮湿气候条件下作战。它不用改进，在白天或黑夜都能使用，不需维修。熟练的射手使用该武器系统，可对付 50 米距离的目标。该手枪系统深得美军特种部队的钟爱，在 21 世纪初装备美军特种作战部队，成为他们所持的 21 世纪手枪。

L85A1 式单兵武器：精准的执行者

L85A1 式 5.56 毫米单兵武器由英国恩飞尔德公司于 1985 年研制生产。该枪采用导气管式工作原理，活塞短行程和闭膛射击方式，它由枪管与上机匣、气体调节器与枪管节套、

L85A1 式步枪

活塞杆、下机匣与发射机构、后坐杆和弹匣等组成。枪管螺接在枪管节套上，节套经压配合后焊接在机匣上。枪管口部装有消焰器，其外径 22 毫米，能发射西欧各国的枪榴弹，也能作为刺刀座。机匣上方的滑座既可装带照门的提把，又可装光学瞄准镜。气体调节器上有三个位置：正常气孔、加大气孔、关闭气孔。除正常气孔外，加大气孔供恶劣条件下使用，关闭气孔供发射枪榴弹时使用。射击时，活塞在火药气体推动下后退，传递后坐冲量，经过一个短行程以后，由四个径向孔排出废气。枪机由机框和机头组成。机头上有多个突笋，转动一个小角度就能完成闭锁。拉机柄同机匣相连，射击时随机框一起前后运动。后坐杆有随枪机前后运动的长导杆和复进簧导杆。下机匣上装有扳机、握把、弹匣套座和托底板等。握把内装有卡销式准星和照门，以应急用。发射机构是一个完整组件，用两个销子与机匣结合。弹匣容弹量 30 发，能与美国的 16A2 式步枪弹匣通用。该枪还配有 10 发弹夹。枪长 785 毫米，枪管长 520 毫米，枪全重 3.9 公斤，使用 5.56 毫米北约枪弹；初速为 940 米/秒，有效射程 500 米。

另外，L85A1 式步枪使用无托结构，以机匣为托，其好处是尺寸小，士兵携行方便，利于在狭小空间战斗。刺刀用不锈钢铸成，具有多种用途：中空刀柄可以插在消焰器上，拿下来就是格斗用的匕首；刀刃后部有排齿，用以切割绳索；刀与刀鞘配合，还可做电线剪子用。

多用刀鞘内装有镶嵌碳化钨的锯条，锯刃坚硬，能锯钢铁等多种材料。鞘背上还有供磨削利刀刃的磨刀石。多用途背带可供士兵将枪横挂胸前、竖挎身边或扛在肩头，并可立即转入战斗状态而不必解开吊索，甚至可以像背帆布背包那样把全枪侧挂在后背上，以便攀高。该枪在制作上也尽量采用模锻、冲压技术和塑料件，以降低成本。这些特点使 L85A1 式突击步枪具有很强的实用性，虽然在实战中出现过一些问题，但瑕不掩瑜。

【点评】L85A1 式 5.56 毫米单兵武器是英国军队装备的一种小口径突击步枪，它既具有老式步枪精确瞄准射击的特点，又具有冲锋枪火力猛烈、灵活机动的优点，不失为一种性能较好的单兵武器。

M16 步枪：铁血王者

M16 步枪是美国著名的轻武器专家斯通纳于 20 世纪 50 年代末设计的。它是由 7.62 毫米 AR－10 步枪缩小口径而成的。美军方于 1957 年提出设计计划，1958 年 3 月，型号定为 AR－15 步枪，后经各种试验，进行了部分改进，于 1964 年正式列装了 M16 式 5.56 毫米小口径步枪，成为世界上第一支正式列装的小口径军用步枪，由此，在世界上引发了"小口径热"。由于该枪采用深绿色塑料枪托与护木，远远看上去呈黑色，因此，人们又称其为"黑枪"。

M16 小口径步枪的研制成功并不是一帆风顺的。五十多年前，

M16 步枪

5.56 毫米步枪刚出现时，美国军内外舆论哗然，众口铄金。美国将校级军官中有相当一部分人反对小口径，他们认为，步兵的基本武器——野战步枪应当具备远射性能。有些技术专家和轻武器评论家也唱反调，有些甚至气得直问："减小口径还有个头没有？"一位英国大评论家曾愤然声称，在他死的时候，在墓地上用 7 毫米口径步枪对空鸣枪数响以表示自己的"殉节"精神。另外，广大非专业人员也责问那么小的口径能打死人吗？当然，几十年的作战使用经验业已证明：高初速小口径弹头不仅能打死人，而且还具有爆炸效应。这些创伤弹道的基本原理现在已经成为普及性的常识问题了，再也听不到置疑之声。

M16 步枪首创了枪械采用铝合金和工程塑料的历史，使枪重减轻，全枪仅重 3.25 公斤，并在适应性和维修方面有所提高。M16 步枪开创了步枪加挂榴弹发射器的点面杀伤结合之路；还开创了步枪加工工艺中的精细加工。它很快被采用，1964 年，奔赴越南战场。1967 年，经过改进定型为 M16A1，并从 1969 年起大量装备美军。1980 年，美海军陆战队依据 M16A1 在部队使用十几年的意见又着手改进，于 1986 年将改进后的 M16 定型为 M16A2。1987 年春，M16A2 自动步枪进入美陆军服役。

M16A2 虽与 M16A1 仅一字之差，但在设计思想、具体结构和战术性能上都有显著变化。它不是斯通纳的后继成果，因为斯通纳对 M16A1 情有独钟，对部队要求改进的呼声充耳不闻，柯尔特公司在改进前和改进过程中，并没有征求斯通纳的意见。因此，M16A2 是面目一新的"黑枪"。

与 M16A1 相比，M16A2 提高了枪口初速（达到 970 米/秒），增大了远距离的侵彻能力；增加了三发点射机构，既节约了弹药，又改善了散布精度；加厚了枪管，提高了单发精度和持续作战能力；枪口上的消焰器取消了向下方开的两个孔，可抑制枪口上跳和避免阵地扬尘；备有可迅速拆装的两脚架，提高卧射时的射击稳定性。此外，该枪在枪托及握把的材料和形状、瞄准具和抛壳等方面还有多处改进。

通过上述改进，M16A2 自动步枪在性能上有了新提高，被称之为"世界上最优秀的战斗步枪"。美国曾得意地声称：M16A2 步枪是评价所有步枪的标准。

M16 系列步枪从 1954 年开始设计，至今已有 50 多年的历史了，它经历过越南战争、中东战争、格林纳达战争、巴拿马战争、海湾战争和伊拉克战争的考验。目前，世界上装备使用 M16 步枪的国家已有 54 个，总生产量达千万支之巨。

【点评】5.56 毫米 M16 步枪是世界上第一支装备部队并参加实战的小口径步枪。它在越南战争的烽火中初露头角，在美军入侵格林纳达和巴拿马的行动中耀武扬威，在 1991 年的海湾战争中大显身手。可以说，它是 20 世纪 60 年代以来美军士兵每一次军事行动的战斗利器。

M109 式 155 毫米自行榴弹炮：重型部队的"火力战将"

50 年多来，美国陆军对此进行了多次改进，使其始终保持着较先进的技术水平，成为重型部队的"火力战将"。许多国家纷纷订购，如英国、德国、加拿大、以色列、伊朗、沙特等 30 多个国家都装备了这种自行榴弹炮。目前，共有基本型与 A1－A6 等七种型号，走上了

M109 式 155 毫米自行榴弹炮

成系列发展的轨道。装备美陆军重型师的 M109 式 155 毫米榴弹炮可谓是老中青三结合，既有 20 世纪 70 年代初装备的 M109A1 型，又有 20 世纪 80 年代装备的 M109A2、A3、A4 和 A5 型，最年轻的是 1992 年投产的 M109A6 型。

基本型的 M109 式火炮，外形较低矮，总体布置比较合理。火炮采用的是 M126 式 23 倍口径身管，装有大型炮口制退器和大活门圆筒形抽气装置，身管寿命为 5000 发。该炮采用的是液体气压式反后坐装置和液压式半自动装填系统。炮塔为封闭式铝合金焊接结构，可 360° 旋转，顶部配有一挺 12.7 毫米的高射机枪。炮塔两侧各有朝后开的长方形舱口，供乘员进出。炮塔后部开有双扇大舱门，主要用于补充弹药。车体也是铝合金全焊接结构，驾驶员位于车体前部左侧，其右侧是发动机，车体的后部下方每侧各有一个折叠式大驻锄，以保证射击稳定性。车体上挂有 9 个浮渡气囊，两侧和前部各有一块防浪板，具有两栖作战能力。基本型的 M109 式火炮配有 M145 瞄准镜及肘形瞄准镜和周视瞄准镜，还有炮手和火控用的象限仪。

1985 年，美陆军对 M109 式 155 毫米自行榴弹炮进行了重大改进，使它的战斗全重为 28738 公斤，乘员减为 4 人。发射榴弹时的射程增至 23.5 公里，发射火箭增程弹时射程达到 30 公里。安装了带凯夫拉衬层的新型铝合金焊接炮塔，用于贮存发射药的全宽炮塔尾舱，遥控经查无误，采用了新型自动灭火抑爆系统和集体三防装置以及空调系统，在顶部侧面和驾驶员舱口处采用了外部附加装甲。这一改进，使 M109 式火炮旧貌换新颜，具有"打了就跑"的战术能力。该炮定型为 M109A6，是美陆军中最先服役的数字化系统。它于 1992 年 4 月装备部队，已成为当前重型师的主要火力支援武器，是一个武艺超群的"侠士"。

"侠士" M109A6 的特色之处是现代化的火控系统。主要由显示/控制装置、定位/导航系统、弹道计算机/火炮伺服驱动系统、自动瞄准装置等组成。可自动赋予火炮定位、定向，并计算出高低射角、方位角、所需装药等诸元，而后火炮自动对准目标。无论白天和夜晚，乘员不必下车就能在行进过程中以不超过 60 秒的速度独立精确地发射出第一个弹群，静止状态下只需 30 秒。射击结束后，该炮可立即转移到新的阵地。

美军的 155 毫米榴弹炮配用弹种有：爆破弹、火箭增程弹、反装甲子母弹、布雷弹和"铜斑蛇"激光制导炮弹，也可发射二元化学弹或核弹。美军在 20 世纪 70 年代末期还研制了可用 155 毫米榴弹炮发射的"萨达姆"敏感反装甲子弹药，该炮弹将使炮兵具备"发射后不用管"及攻击敌方装甲车辆顶甲的能力。此弹于 1995 年已投入低速生产，现已大量服役部队。

M109 式 155 毫米自行榴弹炮是美军师属炮兵的主要火力支援武器。目前，美国正对该炮继续改进，以提高其战术技术性能，如安装自动定位系统，增设发动机自动检测设备和改进启动、散热装置以及配用使用效果更好的夜视仪等。

【点评】在世界榴弹炮的家庭中，M109 式 155 毫米自行榴弹炮是相当有名的，是美国陆军为贯彻全球战略和打核战争的战略思想，于 1952 年 8 月开始研制的，1963 年装备部队。该炮是世界上第一种采用专用底盘的自行榴弹炮，截至 1988 年，M109 型火炮共生产了 6700 门，是世界上装备数量最多的。

M203：单兵手中的"小钢炮"

在轻武器中，榴弹发射器是一种发射小型榴弹，集枪炮低伸弹道和迫击炮的弯曲弹道于一体、点面杀伤结合的多用途武器，可毁伤开阔地带及野战工事内的有生力量和轻型装甲目标，压制敌火力点，摧毁其技术兵器和设施。"二战"后，美军从 20 世纪 50 年代初开始了榴弹发射器的发展工作，50 多年来，在不断地研制和改进。

榴弹发射器主要有 M203 式 40 毫米枪挂榴弹发射器和 MK19 －3 型自动榴弹发射器两种。M203 式枪挂式榴弹发射器的应运而生，要从越战说起。在越南战争中，最先使用的是 M79 榴弹发射器，它由专人使用，占用部队很多编制。因此，美

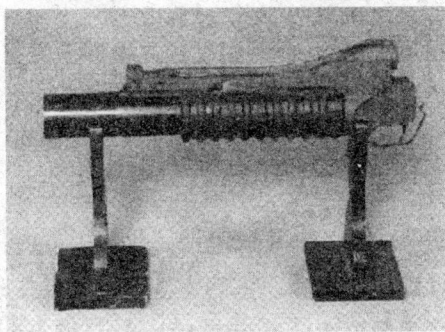

M203 枪挂式榴弹发射器

军又寻求一种能附装在步枪上的榴弹发射器。1967 年 1 月，美国柯尔特公司生产了一种能装在步枪下方的榴弹发射器，并有近 6000 具运往越南战场使用，因装填困难、瞄准不便、可靠性和安全性令人担忧而未能正式列装。同年 5 月，美陆军器材司令部提出一项"榴弹发射器装置研究"任务，计划研制一种安装在 M16 步枪上的更好的榴弹发射器。经过一番角逐，结果美国 AAI 公司设计的 M203 型夺魁，并在 1969 年定型成为美军制式装备，1970 年开始装备部队，全面取代 M79。

M203 枪挂榴弹发射器口径 40 毫米，发射器重 1.36 千克，长 1388 毫米，装填方式为滑动、后装，单发射击，发射美国 40 毫米×46 毫米 SR 榴弹，初速 71 米/秒，每分钟可发射 7 ~ 10 发，最大射程 3751 米，有效射程 350 米。

M203 枪挂式榴弹发射器可发射 20 多种低速 40 毫米榴弹，是世界上发射弹种最多的轻武器。常用弹为 M406 型 40 毫米高爆杀伤弹，M406 由铝合金冲压成形的药筒、一次冲压而成的药室、安装在药室下面的底火座和底火组成了发射系统；由内装有 36 克炸药的球形弹体、风帽和金属连接套筒组成了战斗部，其球形弹体爆炸后，可以形成 300 ~ 350 片重为 0.1 ~ 0.2 克的杀伤破片，有很强的杀伤力。引信为 M511 瞬发全保险引信。M406 弹长 98.8 毫米，弹径 40 毫米，全弹重 228.1 克，初速 76 米/秒，杀伤半径为 5 ~ 7 米。至 20 世纪 70 年代中

期，该弹共发射了 1.4 亿发，未出现任何重大事故和早炸伤人事故，具有很高的可靠性和安全性。除 M406 外，还有一种破杀两用榴弹 M433，其弹长 102.9 毫米，全弹重 230 克，初速为 76 毫米/秒，杀伤半径为 8 米，破甲厚度 50.8 毫米，经过训练的射手可以将榴弹射中 150 米处的窗户内的敌人。

由于 M203 固装在步枪上，与步枪不能迅速分解结合，在某些情况下就成了士兵的累赘，影响步枪的使用。为此，美国对 M203 加以改进，在保持原有性能的条件下，研制出 PI－M203 榴弹发射器，实现了无须工具即可与步枪迅速分解结合。

【点评】M203 是附装在 M16A1 或 M16A2 式 5.56 毫米自行步枪枪管下的一种 40 毫米的枪挂式榴弹发射器。可发射 20 多种低速 40 毫米榴弹，使步枪兼备小炮性能，成为单兵手中轻型高效的支援武器，被称为单兵手中的"小钢炮"。

M270 式火箭炮：呼啸的雷神

海湾战争中，美、英、法等国家使用许多高技术武器，向伊拉克发动大规模进攻。伊拉克的重要军事设施遭到飞机猛烈轰炸及导弹突然袭击，损失十分惨重。可是，伊拉克前线士兵最害怕的既不是航空母舰、隐形飞机，也不是巡航导弹、"爱国者"导弹，而是美军地面炮兵使用的 M270 型 12 管火箭炮。这就是美国为对付苏联炮兵和装甲兵优势而紧急研制的 M270 火箭炮，它的全称是 MLRS270 式 227 毫米多管火箭炮。

M270 式火箭炮由履带发射车、发射箱及火控系统组成。它有以下几个特点：

一是射程远、威力大。该炮发射的火箭弹采用固体燃料，弹径 227 毫米，弹体长 3365 毫米，配有 2 种战斗部。当发射双用途子母弹

M270 式火箭炮

时，射程为 32 公里，弹重 307 公斤，配有遥控电子时间引信，弹内装 644 枚反装甲杀伤子弹药，每枚子弹药重 0.23 公斤，可穿透 100 毫米厚的装甲，对人员杀伤半径为 3 米。一枚这样的火箭弹可毁伤直径为 200 米圆内的任何目标。一门炮一次齐射，12 发火箭弹可抛出 7728 枚子弹药，覆盖面积达 60000 平方米，摧毁各种武器装备，杀伤暴露的和隐蔽的人员，就像空中落下势不可当的"弹雨"。难怪伊拉克士兵遇到这样的"弹雨"便惊慌失措。当发射反坦克布雷弹时，射程可达 40 公里，布雷面积可达 1000×400 平方米。

二是发射速度快，火力猛。该炮一次齐射 12 发弹用时 45 秒，重新装填一次只需 3～5 分钟。这样，短时间内能形成大面积的饱和杀伤区。6 门 M270 式火箭炮的瞬时火力效果，是 1 个 6 门制 203 毫米自行榴弹炮连的 22 倍。该炮采用了贮藏、运输、发射为一体的矩形发射箱。平时，12 枚火箭弹贮藏在 2 个可携带 6 枚火箭弹的发射/贮藏器内。重新装填时，发射箱伸出双臂，将发射/贮藏器吊入发射箱内，即可发射。整个装填过程，只需 1 人遥控操纵即可。

三是实现全部自动化。该炮采用电力、液压传动或电子、液压传动，缩短了瞄准时间；采用自动收放炮装置，行军战斗转换时间为 5 分钟，战斗行军转换时间为 2 分钟；采用了全自动操纵系统，火箭炮进入阵地后能自动放列、自动调平、自动计算射击诸元，并进行修正；

车上装有方位测定系统，能精确算出自身的位置，为武器系统进行间接瞄准射击提供所需的坐标数据。

四是采用了先进的火控系统。火控系统由控制台、火控装置、电子设备、手动控制器和姿态基准装置等组成。具有快速数据处理、瞄准和平滑功能。乘员在驾驶室内通过控制台与火控计算机联系。控制台由键盘和显示屏构成，具有数据输入、状态显示、故障诊断和发射操作等功能。显示屏能清晰显示美、法、德、意文字母和阿拉伯数字。姿态基准装置可为车载计算机系统确定位置坐标，提供方位、俯仰角和倾斜角数据，有利于更快更准确地射击。发射过程中，每发射 1 发火箭弹，火控计算机都能使定向器（发射管）快速重新瞄准，使该炮有较好的射击精度，距离和方向公算偏差为 0.7%。

五是机动性好，可全天候作战。该炮采用了 M2 步战车底盘，其公路上最大时速为 64 公里，越野时速 48 公里，最大行程 483 公里，越壕宽 2.29 米，通过垂直墙高 1.00 米，发动机功率为 500 马力。作战中能够随同快速行进的 M1A1 坦克和 M2 步战车密切协同作战。无论白天或夜晚，也不论在任何气候条件下，特别是在暴雨或尘暴环境中，该炮均能作出快速反应。此外，该炮整个武器装置可由 C-141 型运输机空运。

六是维修保养简便。M270 式火箭炮采用自动化检测，并装有自动检测数据显示装置，对故障零件的排除采用积木式更换方式，发射/贮藏器为一次性使用，且火箭弹封装在发射管内至少 10 年不用检查。该炮中等程度的维修平均用 30.6 分钟；大修保养只需 56 分钟。

作为一种新型大威力、远射程的野战炮兵武器，M270 式火箭炮是美陆军为加强军、师两级炮兵火力，填补火炮和战术导弹之间的火力空白，打击对方第二梯队，实现空地一体作战理论而研制的。制成后，引起许多国家的兴趣，英、法、德、意大利等国参加合作，韩国、土耳其、沙特阿拉伯等国已引进并装备部队。

鉴于海湾战争中美军炮兵射程较近这一问题，以及火箭炮的进一步发展需要，美陆军已经对 MLRS270 火箭炮从新型弹药、火控系统、发射装置机械等方面进行改进。据外电报道，美国还提出一项建议，应用人工智能、机器人等高技术，使它成为一种不用炮手在阵地上操作、而由机器人操作的全自动化武器。

【点评】M270 型 12 管火箭炮是美国为对付苏联炮兵和装甲兵优势而紧急研制的多管火箭炮。它具有射程远、发射速度快、全部自动化操作等特点，在海湾战争中，成为伊拉克前线士兵最害怕的武器装备。

PzH2000 德国自行榴弹炮：欧洲火炮"奇葩"

PzH2000 自行榴弹炮的战斗全重为 55 吨，乘员 5 人，它采用"豹"1 坦克的底盘，但结构上作了较大的改进，改为动力-传动装置前置方案，这也是自行榴弹炮通常的布置形式。其优点是战斗室的空间大，便于布置火炮和存储更多的弹药，而且，可以在车体后部开后门，且后门宽大，为乘员上下车和补充弹药提供了方便。

其主要武器为 155 毫米自行榴弹炮。发射 L15A1155 毫米标准炮弹时，射程达 30 公里；发射增程弹时，最大射程达 40 公里。相比之下，美制 M109 自行榴弹炮的最大射程只有 18 公里。射程长，是 PzH2000 自行榴弹炮的第一个特点。

弹药基数高，是它的第二个特点。全车装 155 毫米弹弹头 60 个，装药 67 个，可组成 60 发分装式炮弹；而 M109 只有分装式炮弹合计

PzH2000 德国自行榴弹炮

28发。

第三个特点是射速高。急射时，10 秒钟可发射 3 发弹；连续射击时，可达 8 发/分，而 M109 只能达到 3 发/分。车内存放的 60 发弹，可在 30 分钟内打完，之后可借助自身的补弹系统快速向弹仓补充弹药。射速高，是由于采用了自动装弹机的结果，弹头和装药分别在车体中部和炮塔后部。所发射的弹种有杀伤爆破弹（榴弹）、烟幕弹、照明弹、战术核弹头、子母弹等。自动装弹机具有选择弹种的功能，出现故障时，可以人工装弹。M109 要在炮身返回到水平状态时才能装弹，而 PzH2000 可以在火炮仰角的状态下装弹，这也是它射速高的一个原因。火炮身管由高强度铬钢制造，炮口处的多槽式炮口制动器、身管中部的炮膛抽烟装置和尾部的大型反后坐装置及其保护套，成为识别 PzH2000 自行榴弹炮的主要外部特征之一。火炮的俯仰角为 −2.5°至 +65°，当火炮达到最大仰角时，再从特殊的角度拍摄，就显得特别伟岸。辅助武器为一挺 7.62 毫米机枪，主要用于对空射击。

PzH2000 自行榴弹炮的火控系统，在自行榴弹炮中是比较先进的。系统中包括：综合惯性导航系统、自动装弹机、弹道计算机、火炮和炮塔的电力驱动系统以及观察瞄准系统、热像仪、激光测距仪等，使射击的准确性和快速性大大提高。PzH2000 自行榴弹炮可以在行驶状态下经 30 秒后就可以射击，射击 1 分钟后，再经过 30 秒钟，就可以转移到第二个发射阵地。一共只需 2 分钟就可以完成阵地变换及射击，提高了整车的生存能力。PzH2000 自行榴弹炮具有夜间作战能力。

可见，PzH2000 具有射程远、弹量大、射速高、机动性能好、防护能力强等特点，是当之无愧的世界最先进的自行火炮之一。

PzH2000 自行榴弹炮的出色性能，受到一些军界行家的瞩目。德国军方的人士说："一辆 PzH2000 自行榴弹炮可以完成三辆 M109 自行榴弹炮的作战任务。在军队缩编减员的年代里，具有更为重要的意义。"

【点评】1995年设计定型，1997年开始装备德国陆军的PzH2000自行榴弹炮相比于美国的M109自行榴弹炮更加出色，它具有射程远、弹量大、射速高、机动性能好、防护能力强等特点，当之无愧地成为世界最先进的自行火炮之一，是欧洲火炮的"奇葩"。

XM8：轻快当头的装甲火炮

XM8装甲火炮系统又称AGS，是快速反应部队在没有主战坦克的情况下提供强大的火力支援、对付多种目标、在较远距离上对抗装甲车辆的轻型坦克。XM8在设计上突出一个"轻"字，强调一个"快"字。该系统研制伊始就严格控制车体尺寸和重量，车体长为6.197米，全长9.37米，车宽2.692米，车高2.349米。火炮采用的是35倍口径的105毫米坦克炮，车体采用铝装甲焊接而成，两侧是用螺栓固定的间隙钢装甲，炮塔为复合装甲。为此，该系统实施快速部署时重量仅为17509公斤。由于尺寸小，重量轻，因而可以低空伞降，也可以用C－130运输机每次装运1辆，或用C－141运输机装运2辆，或用

XM8装甲火炮系统

C－5运输机装运5辆，实施快速部署。由于该系统采用的是6V92TA增压柴油发动机、其功率为580马力，因而可使XM8在6秒钟之内从静止状态加速到32公里/小时，其公路最大时速达70公里，最大行程480公里。

XM8系统具有足够的火力。该系统采用的是105毫米超低后坐力火炮，可发射包括尾翼稳定脱壳穿甲弹、破甲弹等反坦克弹药在内的北约制式105毫米炮弹。虽说该炮难以攻击具有一流装甲防护的现代主战坦克，但在地区冲突与局部战争中，用它攻击发展中国家的坦克，其火力却绰绰有余。据称，其新型的尾翼稳定脱壳穿甲弹在2000米的距离上能击穿T－72主战坦克最厚部位的装甲。除坦克炮外，该系统的辅助武器是7.62毫米的并列机枪，车上指挥塔也可选用7.62毫米、12.7毫米机枪或是自动榴弹发射器。为提高该系统的火力，车内配有自动化程度很高的自动装弹机，从而使乘员人数减至3名。满载时，自动装弹机上有21发炮弹，车内有9发备用弹，射手将要选择的弹种信号输入计算机终端时，自动装弹机便记忆炮弹的数量和种类，选定炮手所选择的弹种，并将弹装入炮膛。装填速度为5发/秒，该系统火炮射速达12发/分。XM8采用了射手稳定热成像瞄准具，车长专用热成像瞄准具和激光测距仪与弹道计算机等设备，还采用了M1A2坦克上使用的非常先进的火控系统以及32位中央处理机和1553B数据总线，在行进间对静止或运动目标的射击命中率相当高。

XM8采用了分级式装甲结构，就是将车体与披挂式装甲防护块分开，以便分开空运，到战区后视情况再组合安装。这种分级式装甲有3个等级：第一级为快速部署部队型，该火炮系统重为17509公斤；第二级为轻装部队型，该火炮系统重为20185公斤；第三级为火力支援部队型，该火炮系统重为22453公斤。最高的三级防护装甲可承受40毫米口径以下弹药的攻击。此外，炮塔前部两侧还各装有16具用于可见光和红外对抗的烟幕弹发射器，可同时发射多发，瞬间可将车体隐藏起来。

阿帕杰克斯112毫米火箭筒：智能火箭筒

20 世纪 70 年代末以来，随着坦克火力、机动性和装甲防护能力不断提高，尤其是反应装甲的出现，使原有的步兵反坦克火箭筒黯然失色，一些国家对火箭筒在未来反坦克战斗中的地位和作用产生怀疑，主张多生产反坦克导弹。法国则认为，未来地面战场的装甲密度日益增大，仅靠数量有限的反坦克导弹是难以取胜的，应在继续发展轻型火箭筒的同时，突出发展大威力、多功能火箭筒。为了在高威胁环境下有效地摧毁重要装甲目标，减少士兵伤亡，法国马特拉－马努汉防务公司与英国航空航天公司合作，在 20 世纪 80 年代中期，研制了一种称为阿帕杰克斯的自主式反坦克火箭筒。

这种火箭筒于 1987 年 9 月在英国南部进行了初型表演试验，初型于 1989 年投入生产并少量装备部队试用。

阿帕杰克斯火箭筒的结构特点：阿帕杰克斯 112 毫米智能火箭筒初型包括探测/火控系统、阿皮拉斯 112 毫米火箭筒和弹药以及三脚架等。探测/火控系统由音响传感器、震动传感器、被动式红外传感器、微处理机以及自动控制装置等组成。该系统有自动稳压能力，保证程序运行的终端电池组电压下降时，能使电子回路始终处于稳定工

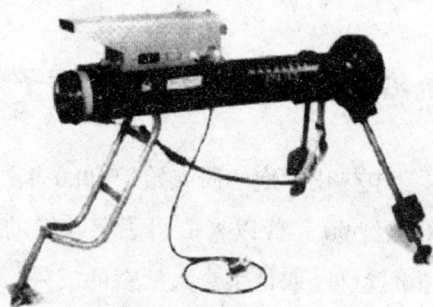

阿帕杰克斯 112 毫米火箭筒

作状态；为防止偶然因素引起的非程序启动，还装有启动装置，使微处理机的计算结果以及操纵程序不受干扰。其工作原理是：当坦克逼近时，音响、震动传感器首先感知，使红外传感器及全系统处于工作状态。探测到目标诸元后，把数据输入微处理机，微处理机按可编程序制订出最佳射击方案，在合适的瞬间，武器自动射击。在距离为3~150米、方向射界为－45°～＋45°的扇形范围内，对于速度为80公里/小时的坦克，该系统具有准确而有效的摧毁能力。一个人即能把阿帕杰克斯布置在任何作战地域，操作时间极短，白天少于5分钟，夜间不到10分钟。从可编程序装定时起，可工作60天以上。所以，英法军事专家们称之为"智能火箭筒"。

阿帕杰克斯112毫米智能火箭筒初型经过改进设计后，智能化程度会进一步提高；将具有识别目标类型的能力，实战中能放过射程内的动物、部队、机动车辆、侦察和预警设备，专门选择行列中的重型坦克进行要害攻击；能任意潜伏和任意自主运动，能自动地搜寻、追捕和摧毁目标。

【点评】阿帕杰克斯112毫米火箭筒是阿皮拉斯112毫米火箭筒与英国航空航天公司的探测/火控系统的结合体，主要用于防御战中封锁通道、保护前沿阵地，或在某些恶劣战斗环境中，作为无人战斗单元，攻击坦克或其他装甲车辆，搜寻和摧毁目标。

电热化学炮：未来火炮新骄子

电热化学炮的研究始于1980年初，但进展相当迅速，特别是进入20世纪90年代以来取得了突破性的进展。目前，电热化学炮的研究和试验已经取得了令人振奋的成果，世界各国都对电热化学炮表现出了很大的兴趣，美国、俄罗斯、以色列、英国、法国、日本等发达国家已在这一技术领域进行了理论探索和实验研究，尤其以美国的进展

电热化学炮

最快，技术最为领先。

典型电热炮的发射原理是：由电源发出的高电压大电流经脉冲形成网络的调节，使其成为波形符合弹道要求的电流脉冲，输入等离子体喷管，引起电极间产生电弧，烧蚀塑料毛细管壁，产生高温、高压、含氢量高的等离子体射流，高速喷入推进剂，发生化学反应生成高温高压燃烧气体，驱动弹丸高速运动，从炮口射出。根据气体动力学原理估算，电热化学炮弹弹丸的初速度最高可达 3 ~ 4 千米/秒。

从目前的研制进展来看，电热化学炮技术可能应用于以下几个方面：

坦克炮。未来坦克为了更好地完成作战任务，必须大幅度提高威力及弹丸的初速度。从目前的研制进程来看，电热化学坦克炮是优先发展的项目。美国国防部 1998 年公布的国防技术领域计划中，提出的发展目标是：3 ~ 5 年内，XM291 进行 120 毫米电热化学坦克炮的试验，使 10 千克的弹丸初速度达到 1825 米/秒，炮口动能 17 兆焦，比传统的坦克炮动能增加 50%，穿甲能力提高 10%；远期（6 年以后）目标是将电热化学炮技术用于产品改进计划或装备未来战斗系统；最终的目标是发展炮口动能达到 20 兆焦以上的电热化学坦克炮，这相当于传统的 140 毫米固体发射药火炮的炮口动能。

野战火炮。电热化学炮是在传统火炮发射技术基础上的一个飞跃，可以大幅度提高弹丸的初速和射程，且与目前装备的火炮衔接性能好

（可发射普通炮弹），比电磁炮更容易作为火力支援武器应用在野战火炮上。1995 年，以色列核研究中心为美国军方研制的口径为 105 毫米的固体推进电热化学炮野外试验，已使质量 3.8 ~ 5.2 公斤的弹丸初速度达到 1.80 ~ 2.03 千米/秒，且膛压曲线可控，重复性好。

舰船武器。美国海军和国防特种武器局正在实施一项联合计划，由国际科学应用公司作为主承包商进行研制。在水面火力支援计划中，中期目标是演示 127 毫米电热化学舰炮系统，炮口动能 22 兆焦；远期（6 年以后）目标是将电热化学舰炮技术用于产品改进计划。

电热化学炮很好地解决了动能武器"快"的问题，既可取代传统火炮用于远程火力支援，又可用于执行反装甲、防空、舰艇近距离防御等作战任务，具有广阔的应用前景。如今，电热化学炮技术已经进入靶场试验的实用阶段，由于具有威力大、射程远、体积小、适用性广和实用性强等显著优点，它已成为液体发射药火炮和电磁炮等新概念火炮最有力的竞争者，将带来兵器发展史上一场大革命。

【点评】电热化学炮是将电能转变为热能使推进剂燃烧，产生高温高压气体推动弹丸高速发射的武器。其主要优点是：弹丸的初速度大，射程远，其炮口动能比传统火炮提高 25% ~ 55%，推动剂的化学反应速率可由输入的电流脉冲调节控制，射程改变灵活，除发射电热化学炮以外，也可发射普通炮弹。

俄"龙卷风"：敢与美 M270 试比高

1991 年的海湾战争中，被形容能"播撒钢雨"的美制 M270 式多管火箭炮一战成名，号称"世界上最好的火箭炮"。但是俄罗斯军方则不以为然，他们心中的"英雄"则是自己麾下的"龙卷风"（BM - 30 式）火箭炮。这钢铁铸造的"风""雨"要是在战场上相遇，场面一定壮观极了！

从整体结构来看，M270式结构先进，使用方便，由履带发射车、发射箱和火控系统3大部分组成。发射车由M2步兵战车改装而成，防护能力和机动能力较好，能够保证火箭炮打了就跑。发射箱内装有两个各有6发火箭弹的发射/储藏器。这种设计突破了传统的弹

俄"龙卷风"火箭炮

药装填和储存观念，不用日常维护保养即可保存10年之久，大大缩短了火炮的射击准备时间。M270的遥控发射装置可以使炮手在远离火炮的位置上发射。而"龙卷风"的模样则颇为"新潮"：由于火炮口径太大，为降低整车高度，12根8米长的发射管在排列上分上、中、下3排配置，上面一排4根，下面两排左右各两根，同时为了不使整个火炮过于笨重，"龙卷风"采用了轮式发射车。在结构上，M270要比"龙卷风"胜出一筹。

在使用上，M270式火箭炮每炮配3名操作手：炮长、驾驶员和炮手。发射和再装填都可在车内进行。紧急情况下，一个人就能进行发射和再装填。由于采用了一系列先进的自动化控制系统，使火炮的射击指挥反应时间、瞄准反应时间都大大缩短，接到命令5分钟内就可发射，两分钟内能够进行机动。"龙卷风"配有4名操作手：驾驶员、操作员、装填手和炮长。据说，射击准备时间只需3分钟，比M270还快。实际上，从"龙卷风"需要多配备一名装填手来看，其自动化程度不及M270。

俄罗斯"龙卷风"打得远，打得准，威力足以让所有的对手胆战心寒，其杀伤子母弹最大射程达70千米，而M270的双用途子母弹最大射程只有32千米，虽然美国人另有高招，给M270装上了射程100千米的陆军战术导弹，但要是真正进行火力战，主要还得比拼火箭弹。

如果用这两种炮展开炮战，M270 似乎只有挨打的份。M270 由于采用了稳定基准装置，命中精度相当高。但"龙卷风"更胜一筹，在火箭弹上加装了自动修正系统、简易陀螺导向加燃气发生器，射击精度大为提高，其密集度指标与传统火箭炮相比提高了 3 倍。不难看出，在射击精度方面，"龙卷风"要高出不少。

在弹药方面，M270 式相继研制生产了双用途子母弹、反坦克布雷弹、末制导反坦克子母弹和二元化学弹。双用途子母弹内含 644 个 M77 式子弹，子弹重 230 克，能穿透 100 毫米的装甲。一门火箭炮一次齐射可抛出 7728 枚子弹，覆盖 6 个足球场大的面积。反坦克布雷弹内装 28 枚德国生产的 AT－2 式反坦克地雷。一门炮一次能发射 336 枚反坦克地雷……"龙卷风"配用的弹种为杀伤子母弹，内装 72 枚直径为 80 毫米的预制破片子弹药，每个子弹药内含用于杀伤人员的 800 毫克破片 300 个、能穿透 10 毫米的轻型装甲的 4.5 克破片 100 个。一门炮一次齐射能抛出 864 枚子弹药，覆盖面积近 60 万平方米，比 M270 大 10 倍！

【点评】综观美制 M270 式多管火箭炮与俄"龙卷风"火箭炮的各种战术技术性能指标，应该说各有所长。M270 式多管火箭炮多在自动化和弹药的种类上作文章，因此在这两方面较强；而"龙卷风"则突出射程和精度，力求打得远、打得准。因此，谁能戴上"火箭炮之王"的桂冠，看来还得在战场上见高低。

反坦克炮：坦克的死敌

反坦克炮过去叫战防炮，是一种直接瞄准对坦克和装甲目标进行攻击的火炮。主要用于对付 2000 米以内的装甲目标。反坦克炮出现在第一次世界大战后期，广泛用于第二次世界大战，战后被坦克火炮取代。1916 年英军在第一次世界大战中首次使用坦克，德军用来对付坦克的主要武器是77毫米野战炮。第一次世界大战以后，瑞典、德等很快研制出了反坦克炮。当时坦克装甲厚度只有6～18毫米，37毫米反坦克炮发射钨芯穿甲弹足以穿透坦克装甲。

第二次世界大战期间和20世纪50年代，反坦克炮有了长足的发展，火炮口径急剧增长，种类，型号繁多，装备数量庞大，并且出现自行反坦克炮，一度成为各国尤其是苏军反坦克作战的中坚力量。

1916年，第一批坦克投入战场之后，在各国军队中引起极大的震动，它们纷纷研究自己的坦克和各种反坦克武器。此后不久，法国就制造出了世界上第一种反坦克炮，起名为"乐天号"。"乐天号"反坦克炮可视为加农炮的同族兄弟，它的特点是炮管较长，炮膛压力较大，因而其实心的穿甲弹出炮口之后，动量很大，具有足够穿透坦克装甲的能力。

第一次世界大战之后，随着坦克的普遍使用，各国专用反坦克炮相继问世。最早的坦克装甲厚度仅有6～18毫米。到了第二次世界大战时，某些中型和重型坦克的装甲厚度已达70～100毫米。同时，反坦克炮的口径也从20毫米加大至57～100毫米，而次口径钨芯超速穿甲弹，钝头穿甲弹和空心装药破甲弹等甲策力和破甲策力更强的弹种的诞生，也使反坦克炮的性能得到提高。苏联在第二次世界大战中为

反坦克炮

粉碎纳粹德国的集群坦克曾装备使用了上万门反坦克炮。同时，由于在战争中后期，苏联的新式坦克在火力、防护能力等方面超过了德国坦克，而德国一时难以研制和生产出在性能与数量上能与苏军相抗衡的坦克，于是将一些大口径反坦克炮安装在坦克底盘上，变牵引式反坦克炮为自行反坦克炮，并加以较厚的防护装甲，它当时被称为"强击炮"，可以打击坦克等装甲目标，也可以像坦克一样以直射火力打击步兵、掩蔽部等地面目标。

1941年，德军将一辆苏军重型坦克围困了3天，用6门38式50毫米反坦克炮向苏军坦克射击，却无法击穿装甲；夜晚德军又派12名工兵用炸药炸，仍未奏效；最后用6辆坦克进行轰击，发射了上百发炮弹，只有2发88毫米炮弹击穿了装甲。此后，各国的重型坦克装甲厚度增至70～100毫米，反坦克炮的口径也随之增大到57～100毫米。第二次世界大战中，坦克成为地面战争的主体武器，反坦克炮迅速发展，仅苏联1943年就生产了23200门。当时，反坦克炮穿甲厚度在1000米距离上可达70～150毫米，已经开始使用钝头穿甲弹和空心装药穿甲弹等，有的配装了自行反坦克炮。战后，由于坦克炮的作战性能大大提高，反坦克炮作用降低，没有得到更大的发展。只有苏、德、奥地利等国家继续发展反坦克炮。目前，世界现有的反坦克炮多为20世纪60年代研制的，代表型号有苏联的100毫米滑膛反坦克炮，配用尾翼稳定脱壳穿甲弹，直射距离为1500米，穿甲厚度400毫米，但该炮为牵引式，机动性差。SK105毫米自行反坦克炮为线膛炮，配有激光测距机和红外瞄准镜，反应速度快，炮手从捕获目标到发射第1发炮弹仅需15秒。可发射破甲弹或尾翼稳定脱壳穿甲弹，有效直射距离为2700米，破甲厚度360毫米。

进入20世纪60年代以后，由于反坦克导弹的走俏，反坦克炮的发展势头日趋缓和，在西方基本处于停滞状态，原有装备逐渐被淘汰。20世纪70年代中期以来，由于复合装甲技术的飞快发展，反坦克炮又东山再起，其地位和作用呈上升趋势。一些国家用反坦克导弹取代了反坦克炮，还有一些国家则用自行反坦克炮中机动性和防护性均较差的牵引式反坦克炮。后者是坦克发展的新趋势。自行反坦克炮外形与坦克很相似，但不像坦克那样注重对步兵进行火力支持的能力，而强调反坦克策力，因而在某些国家里它又被称作"歼击坦克"。它与第二次世界大战期间的强击炮又有区别："歼击坦克"火炮口径与坦克相近，装甲厚度和总重量一般比坦克大，炮塔多为固定式，比较笨重。自行反坦克炮是一种车炮结合，能够自行机动和发射的反坦克炮。可分为履带式、半履带式、轮式和轮履合一式等；按防护程序，又可分为全装甲式和半装甲式自行反坦克炮。其中，轮式自行反坦克炮尤其引人注目。近年来，由于安装在轮工装甲车辆底盘上的自行反坦克炮的成本只有坦克的 1/3 左右。其机动性又远胜过其他反坦克兵器，所以它又有东山再起之势。

【点评】反坦克炮是主要用于打击坦克和其他装甲目标的火炮。它的炮身长、初速大、直射距离远、发射速度快。穿甲效力强，大多属加农炮或无坐力炮类型。反坦克炮的弹道弧度很小，一般对目标进行直接瞄准和射击。

高射炮：称雄低空的现代武器

高射炮是指用以从地面向空中目标射击的火炮。分为牵引式和自行式两种。具有身管长、射击准确、火炮可 360° 回转、射速高的特点。高射炮按口径分为小口径、中口径和大口径高射炮。口径小于 60 毫米的为小口径高射炮，60～100 毫米的为中口径高射炮，超过 100 毫米的为大口径高射炮。多数配有火控系统，以多门炮组成高射炮阵地对空射击。部分型号的高射炮以多管联装的方式来获得高射速。口径一般不超过 127 毫米。小口径高射炮多以弹丸直接命中的方式毁伤目标，中、大口径的型号由于受到发射速度的限制，多以在目标附近用近炸引信引爆弹丸，以弹丸破片毁伤目标。随着防空导弹的普遍装备，中、大口径的高射炮逐步让位于导弹。小口径高射炮由于弥补了防空导弹的低空射击死角，得以发展改进后，与高射机枪一起充当了低空/超低空区域的防空任务。

电磁高射炮属超高速弹射武器，是未来超音速空袭兵器的克星。它以电磁装置代替传统高炮的发射装置，以超大功率电磁感应原理，在炮膛内产生3兆焦以上的发射动能，是一种以弹丸撞击力毁伤目标的拦截武器，具有较强的防空能力，打击目标能力可提高5倍以上。

外刊报道，美国在1995年电磁高射炮的试验中，连发8.5克重的弹丸，速度已达5.6公里/秒；俄罗斯在1999年用样炮进行打击目标试验，在4000米空中穿透了2枚"飞毛腿"靶弹；英国也在2005年把电磁高射炮装备部队。目前，发达国家正通过改进发射结构，减轻其重量，使其达到野战实用化水平。

激光高射炮性能独特，前景广阔。它以激光发射镜为炮管，直接将束能以接近光速投射到目标上，使激光射中处瞬间被高热能毁伤。激光高射炮具有发射无须弹药、无声、无后坐力等特点，只要光能充足即可，可灵活、快速、高效打击不同方向的饱和攻击，所以，发展激光高射炮备受世界各国青睐。

美国在激光高射炮的研制中，曾多次击落靶机、靶弹，美军曾在演习中使用"鹦鹉螺"激光高射炮，仅用5秒钟就击落3架无人靶机。俄军最新装备的激光防空系统由两辆车组成，一辆载电源，一辆载发射机，用雷达捕捉目标后，发射高能激光毁伤或激燃目标内的仪器。法、德两国也正在实施氧化碘化学助能激光高射炮的研制计划，让激光射束能更强、更远。

隐形高射炮生存力强，最适应全天候、全频谱作战。目前，发展隐形高射炮有三种类型：

涂料隐形。英、法军在1993年率先用吸波涂料研制出隐形高炮；俄军现正研制用电质变色吸波薄膜等视频隐形新技术，不但让其具备吸波能力，且能通过炮身颜色与地面背景调色，以求隐、景"合一"。

反红外隐形。高射炮电器部分工作时会不断向外辐射红外线，易遭红外侦察和红外导弹打击。为提高反红外探测能力，美国将"高灵敏"油冷装备安装在"回击者"自行高炮各电器上，消除了热能的向外辐射。

综合技术隐形。瑞典采用"综合隐身术"，将MK2式自行高射炮炮塔、甲板采用复合塑料制成，炮管护有玻璃钢筒体外套，电器部分加装速冷空调，用迷彩、隐身材料伪装车体，使红外、电磁波向外辐射几乎为零。

火箭高射炮最适应反导作战。较传统高炮无后坐力，可多管同时发射；管数多，射弹散布范围大，杀伤概率高；发射声极小，射速快。

法国于1992年首先研制的30毫米64管火箭高射炮，3秒钟可发射64发炮弹，发射速度是同口径高射炮的5倍。意大利在2000年装备了20毫米36管火箭高射炮，作战时以"集阵射"方式将36枚火箭同时射向目标，一次齐射击毁巡航导弹的概率达99%。俄罗斯研制中的火箭高射炮，将"冰雹"40管地对地火箭炮进行改造，采用了新技术、新材料，射程比原来增加20%，毁伤目标的精度比普通高射炮增加20余倍。

智能高射炮。火控智能。由计算机自动控制，使火炮、导弹实现了共用一个控制系统的"软结合"；火控系统能控制和决定火炮、导弹打击的先后顺序；火炮实现了自我装填发射；导弹发射后对目标"自动寻的"，打了不用管。光电智能。俄罗斯"通古斯卡"自行高射炮，具有"三光合一"（潜望镜、电视摄像机、激光）瞄准具、微光摄像机、计算机等特性，使捕捉、跟踪目标和计算射击诸元实现了自动化、精确化。弹药智能。瑞士双35高射炮采用"阿海德"子母榴弹，内装152枚子弹，母弹在发射时自动装定引爆时间，距目标8～10米爆炸。爆炸后子弹药可对目标形成一个半径为8米的弹幕群，使目标无处可逃。

【点评】高射炮具有独特的抗低空、抗饱和、抗干扰和反导作战能力，因此，其发展仍大有潜力。随着现代空袭兵器的飞速发展，结合近期世界局部战争的特点，近年来一些军事强国加紧了对新概念高射炮的研制，且不断有新技术、新成果、新产品问世，并呈现出全新的发展趋势。

航空机炮：在导弹技术突飞猛进的今天，飞机上仍需装备

美国研制的新一代战斗机 F-22 于 2001 年开始在美空军服役。该机集尖端航空技术和最新武器系统于一身；在其武器舱内挂满各类中对空导弹，其中包括反辐射导弹。特别需要着重指出的是：一种已被证实设计代号为"火神"M61A2 的 20 毫米航炮也装在该机的右侧，伴随这种先进的战斗机进入 21 世纪。这种"加特林"式航炮每分钟可发射 4000 发炮弹。

在使用先进导弹进行超视距空战的时代，许多人似乎忘记了航炮在现代空战中的重要作用。殊不知在近距空战中，飞行员仍然需要多种武器，其中包括用航炮去迎接空战对手的挑战。在某种情况下，是航炮而不是导弹将成为赢得空战胜利的致命武器。因为在近距空战中，有时由于距离太近，飞行员根本无法用导弹攻击敌机。

人类先进航空兵器的发展历史可以追溯到第二次世界大战初期。一天，人们在美国佛罗里达州的埃格林机场，把射击武器安装在一架飞机上，使其具备攻击和自卫能力，从而首次形成了一个完整的航空武器系统。数十年来，武器专家们一直在此地致力于航空非核武器的研究，既有先进导弹武器系统，也有航炮武器技术系统，当然也包括为 F-22 这样先进的战机设计的航炮。这说明，航空武器专家们在筹划未来空战的先进武器时，航炮并没有被遗忘。

美国正在发展研制的 F/A-18E/F 多用途攻击战斗机，已于 2001

年正式装备美国海军。据报道，与以前使用的 F-18 旧型号相比，新型号飞机更新和加装新型导弹系统，武器威力都大大增强。与此同时，该机还装备一门新型 M61A1 式 20 毫米航炮，作为战机火力的重要组成部分。

AV-8B 是垂直起降飞机家族的重要成员。该机在加装 APG-65 雷达系统后，具有多种作战能力，能在其他固定翼飞机不能很好发挥作用的区域作战。这种飞机的头部装备有一门 25 毫米航炮。据报道，在海湾战争中共有 86 架 AV-8B 垂直起降飞机参战，飞行 3380 架次，总计有 4112 飞行小时，投射各类弹药 600 万磅，其中包括大量航炮发射的炮弹。

在现代空战中，机载航炮对地攻击仍然发挥着十分重要的作用。GAU-8/A "复仇者" 30 毫米 7 管航炮是专门为 A-10 攻击机设计的。A-10 攻击机是美国空军对地面部队遂行近距空中支援的主力战机。该机装备这种航炮后，对地攻击火力得到很大增强，并具有操作简单、灵活高效、生存能力强等特点。这种航炮使用穿甲弹时，能够击毁中型和重型坦克；使用高爆弹时，能对卡车和其他地面目标实施有效打击。这种航炮每分钟能射击 3900 发炮弹，且可在能见度极差的复杂气象条件下进行精确射击。

F-15 是美国空军装备的全天候战术战斗机。在该机装备的三大空战武器系统中，包括一门 "加特林" 式 20 毫米航炮。这种航炮备弹 940 发，每分钟发射炮弹在 4000~6000 发之间。

F-16 多用途战斗机可携带不同类型的导弹执行多种任务。其武器系统除 "响尾蛇"、"麻雀"、"幼畜" 等导弹外，还包括一门 20 毫米的 M61A1 速射航炮，备弹 500 发，可对视距内的来袭目标进行有效攻击。

美国空军特种作战部队装备的 AC-130A/H "炮舰" 式电机，共装有 8 门多种口径的航炮，用于执行近距空中支援、武装侦察和空中阻滞作战任务。

为了加强 B-52 战略轰炸机的自卫能力，美国空军除为该机装备空对地导弹外，还加装了一门 20 毫米航炮。

航炮在武装直升机上装备十分普遍，并在实战中发挥了重要作用。世界著名的武装直升机如"阿帕奇"、"眼镜蛇"、"黑鹰"等都装备有航炮，用于攻击或自卫，其口径大多在 7.62 毫米至 30 毫米之间，在海湾战争中显示出巨大威力。

由此可见，在现代空战中，航炮不但没有过时，而且和飞机、导弹一样，正处在不断更新换代之中，成为航空兵器综合火力的重要组成部分。可以预见，在未来超视距空战中，航炮仍将是先进战斗机的"贴身卫士"。

【点评】航空机炮不仅是战斗机、攻击机综合火力的重要组成部分，而且是特种作战飞机、轰炸机和武装直升机不可缺少的空战火力。可以预见，在未来超视距空战中，航炮仍将是先进战斗机的"贴身卫士"。

火箭炮：炮中王者

火箭炮的主要作用是引燃火箭弹的点火具和赋予火箭弹初始飞行方向。由于火箭靠本身发动机的推力飞行，火箭炮不需要有能够承受巨大膛压的笨重炮身和炮闩，也没有后坐装置。

火箭炮

火箭炮能多发联射和发射弹径较大的火箭弹，它的发射速度快、火力猛，突袭性好，但射弹散布大，因而多用于对目标实施面积射打击。

火箭是中国一大发明，最早的多枚火箭连发装置和齐射装置也是中国发明的。在中国明朝人茅元仪于 1621 年完成的《武备志》一书中就记载过火箭及其发射装置有几十种之多，其中有一次可发射 32 支和 40 支火箭的"一窝蜂"和"群豹横奔箭"，有一发百矢的"百虎齐奔箭"和可连续两次齐射的"群鹰逐兔箭"，这些都可看作是现代火箭的原始雏形。

世界上第一门现代火箭炮是 1933 年苏联研制成功的 BM13 型火箭炮。这种自行式火箭炮安装在载重汽车的底盘上，装有轨式定向器，可联装 16 枚 132 毫米尾翼火箭弹，最大射程约 8500 米，1939 年正式装备苏军，1941 年 8 月在斯摩棱斯克的奥尔沙地区首次实战应用。当时，苏军的一个火箭炮连以一次齐射，摧毁了纳粹德国军队的铁路枢纽和大量军用列车。火箭炮齐射时，像火山喷发炽热岩浆，铺天盖地般倾泻在敌目标上，声似雷鸣虎啸，热若排山倒海。不仅消灭了敌人大量有生力量和军事装备，而且给敌人精神上以巨大的震撼。以致后来德军士兵一听到这种炮声，就心胆俱裂。为了保密，当时苏军未给火箭炮定名，但在发射架上标有表示沃罗涅日"共产国际"兵工厂的"K"字。可能由于这个缘故，苏军战士便把这威力巨大的新式武器亲切地称之为"卡秋莎"。严格地说，"卡秋莎"是导轨火箭炮，而不是多管火箭炮。最早的具有炮管式发射装置的多管火箭炮，是德国于 1941 年正式装备部队的 158.5 毫米 6 管牵引式火箭炮和 280/320 毫米 6 管牵引式火箭炮。

在第二次世界大战末期和战后，各国都非常重视火箭炮的发展与应用。进入 20 世纪 70 年代以后，火箭炮又有了新的进步，其性能和威力日益提高，已成为现代炮兵的重要组成部分。

火箭炮出现于第二次世界大战之中，当今的火箭炮基本采用多联装自行式，口径大多在 200 毫米以上，配用多种战斗部，并已开始配用以计算机为主体的火控系统，射程在 20～70 公里之间，用于弥补战术地地导弹与身管火炮之间的火力空白。

第一章　现代枪炮

39

【点评】火箭炮是炮兵装备的火箭发射装置，发射管赋予火箭弹射向，由于通常为多发联装，又称为多管火箭炮。火箭弹靠自身的火箭发动机动力飞抵目标区。其特点是重量轻，射速大，火力猛，富有突然性，适宜对远距离大面积目标实施密集射击。

火炮：被誉为"战争之神"

火炮，就是人们通常所说的大炮。它是一种以火药为能源，发射爆炸物（弹丸）的口径在 20 毫米以上的管形火器。

火炮的基本原理是，发射药在密闭的炮膛内瞬时燃烧，产生大量的、温度可达 2500℃～3000℃、压强可达 6 亿～7 亿帕的高温、高压气体，迫使弹丸沿炮膛向前加速运动，使弹丸在极短时间内获得很高的速度，最后飞出炮口。弹丸飞出炮口以后，依靠惯性沿预定的弹道飞向目标。碰到目标时，引信引爆弹体内的炸药，爆炸瞬间产生杀伤破坏能量，毁伤目标。因此，现代火炮系统包括两大要素，一是发射装置——火炮，二是被抛射体——弹丸。

火炮是一种最古老的武器，迄今已有 600 多年的历史。自问世以来，经过不断改进和发展，先后出现了榴弹炮、加农炮、迫击炮、高射炮、反坦克炮、无坐力炮、火箭炮等各种不同用途的火炮。20 世纪发生的两次世界大战中，火炮在战场上叱咤风云，成为主要的火力突击力量。

第二次世界大战期间可谓火炮发展的黄金时期。在这次大战中，火炮发挥了强大的威力，对打败法西斯起到了重要作用。由于炮兵在这场战争中的出色表现，斯大林赞誉炮兵是"战争之神"。这一崇高的评价，充分体现了火炮在战争中的威力和作用。

在大量使用地对地导弹、地对空导弹和反坦克导弹的今天，火炮在常规兵器中仍然有着巩固的地位。这是因为现代火炮具有包括发射核炮弹的能力和由此产生的较大的杀伤威力、较好的射击精度、机动

火炮

火炮

性和优良的使用性能；它不受气候、地形的影响，可以在任何条件下使用，完成各种各样的战斗任务。另外，它结构简单，操作方便，价格便宜，可以大量生产，装备部队。

　　事实上，20世纪50年代的抗美援朝战争、60年代的越南战争、70年代的中东战争、80年代的马岛战争和90年代的海湾战争，以及本世纪初的伊拉克、俄格战争等都雄辩地证明：现代战争中火炮起着导弹不可替代的作用，"战争之神"的威力有增无减。因此，在信息战时代，火炮同样是陆、海、空三军大量装备和广泛使用的火力兵器，地面进攻与防御作战中的火力骨干。

　　随着科学技术的发展，"战争之神"也展翅腾飞了。火炮正朝着远射程、大威力、自动化、智能化和通用化方向发展。近十多年来，又有激光炮、电磁炮、液体发射药火炮和机器人火炮等新概念炮相继问世。完全可以预言，火炮会有一个光辉灿烂的明天，会在未来战争中再创佳绩，再造辉煌。

　　【点评】火炮不仅可以杀伤有生力量，而且可以摧毁各种技术装备，如地面上的火炮、导弹和坦克，空中的飞机和海上的舰艇，还可以破坏各种工程设施，如桥梁、交通枢纽和设防工事，同时也可以完成各种特殊任务，如照明、燃烧、施放烟幕和侦察、电子干扰等。进攻时，它可以为步兵、坦克扫清前进中的障碍，开辟通路；防御时，可以拦阻敌人进攻。

机枪：轻武器火力之王

机枪是带有枪架或枪座，能实现连发射击的自动枪械。通常分为轻机枪、重机枪、通用机枪和大口径机枪。根据装备对象，又分为野战机枪（含高射机枪）、车载机枪（含坦克机枪）、航空机枪和舰用机枪。轻机枪装有两脚架，重量较轻，携行方便。战斗射速一般为80～150发/分，有效射程500～800米。重机枪装有稳固的枪架，射击精度较好，能长时间连续射击，战斗射速为200～300发/分，有效射程平射为800～1000米，高射为500米。通用机枪，亦称两用机枪，以两脚架支撑可当轻机枪用，装在枪架上可当重机枪用。大口径机枪，口径一般在12毫米以上，可高射2000米内的空中目标、地面薄壁装甲目标和火力点。

加特林多管式机关枪。多管式机枪起源于十五六世纪的多管式机枪以及后来的多管炮。美国著名机械师理查德·杰丹·加特林于1862年发明了手摇式多管重机枪。加特林把6～10根枪管并列安装在一个旋转的圆筒上，手柄每转动一圈，各枪管依次完成装弹、射击、退壳等动作。一个熟练的射手，每分钟可发射约400发子弹。加特林机枪是世界上第一支成功的多管式机关枪，虽然后来被其他新型机枪所取代，但它的结构原理至今仍被作战飞机和军舰上的多管速射炮所应用

机枪

并保留着"加特林机关枪（炮）"的名字。

马克沁重机枪。美国工程师海勒姆·斯蒂文斯·马克沁出身贫寒，通过勤奋自学而成为知名的发明家。1882年，马克沁赴英国考察时，发现士兵射击时常因老式步枪的后坐力，肩膀被撞得青一块紫一块。这说明枪的后坐具有相当的能量，这种能量来自于枪弹发射时产生的火药气体。马克沁正是从人们习以为常、熟视无睹的后坐现象中，为武器的自动连续射击找到了理想的动力。他首先在一支老式的温切斯特步枪上进行改装试验，利用射击时子弹喷发的火药气体使枪完成开锁、退壳、送弹、重新闭锁等一系列动作，实现了单管枪的自动连续射击，并减轻了枪的后坐力。1883年，马克沁首先成功研制出世界上第一支自动步枪。后来，他根据从步枪上得来的经验，进一步发展和完善了枪管短后坐自动射击原理。他还改变了传统的供弹方式，制作了一条长达6米的帆布弹链。为机枪连续供弹。为给因连续高速射击而发热的枪管降温冷却，马克沁还采用水冷方式。1884年，马克沁制造出世界上第一支能够自动连续射击的机枪，射速达每分钟600发以上。

加特林多管式机关枪

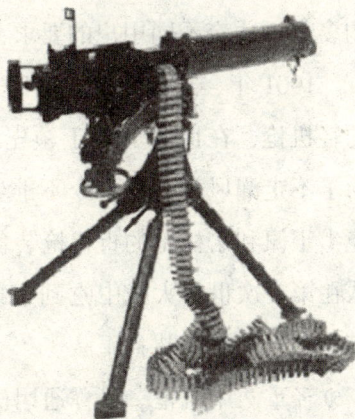

马克沁重机枪

在1893～1894年的南中非洲罗得西亚英国军队与当地麦塔比利——苏鲁士人的战争中，马克沁重机枪首次在实战中应用。在一次战斗中，一支50余人的英国部队仅凭4挺马克沁重机枪，便打退了5000多麦塔比利人的几十次冲锋，打死了3000多人。

马克沁重机枪获得成功后，许多国家纷纷进行仿制，一些发明家和设计师针对马克沁重机枪的原理和结构进行改进和发展。1892年，美国著名枪械设计家勃朗宁和奥地利陆军尉冯·奥德科莱克几乎同时发明了最早利用火药燃气能量的导气式自动原理的机枪，这种自动原理为今天的大多数机枪所采用。美国枪械设计师 B. B. 霍奇基斯所设计的1814型机枪是最早的气冷式机枪，这种机枪取消了水冷式机枪上笨重的注水套筒，使机枪较为轻便。

轻机枪。最早的机枪都很笨重，仅适用于阵地战和防御作战，在运动作战和进攻时使用不方便。各国军队迫切需要一种能够紧随步兵实施行进间火力支援的轻便机枪。

丹麦炮兵上尉乌·欧·赫·麦德森，在马克沁发明重机枪后不久，即开始研制轻机枪。在19世纪90年代，麦德森设计制造了一挺可以使用普通步枪子弹的机枪，定名为麦德林轻机枪。该机枪装有两脚架，可抵肩射击，全重不到10公斤。麦德林机枪性能十分可靠，口径和结构多变可适应不同用户的要求，是当时军火市场上的热门货。

1901年，意大利的吉庇比·佩利诺也曾研制出一种性能非常出色的轻机枪，在世界上处于领先地位。意大利当局决定对其严加保密，为了不走漏风声，竟下令不准生产佩利诺机枪，却从国外订购大批性能劣于佩利诺机枪的重机枪装备意大利军队。直到1916年，意大利军队在第一次世界大战中吃到了缺少轻机枪的苦头之后，才匆忙将佩利诺机枪投入生产装备军队。

轻重两用机枪。又称通用机枪，它既可以成为轻机枪，轻便灵活，紧随步兵实施行进间火力支援；又可以成为重机枪，发挥射程远、连续射击时间长的威力。

德国是第一次世界大战的战败国。在这次大战中，德国的水冷式重机枪显示了很大威力。所以，在1919年美、英、法等战胜国强加给德国的《凡尔赛和约》中，明文禁止德国对任何水冷式重机枪的研制。希特勒建立德国纳粹政权初期，既要重整军备，发展新武器，又要掩人耳目，避免列强的制裁。所以，德国在发展轻机枪

机枪

的幌子下，于1934年研制了一种新型的机枪即MG－34式机枪。这种机枪改水冷为空气冷却，枪管装卸非常简便，用更换枪管的办法解决因连续射击而发生的枪管过热问题，供弹方式既可用弹链，又可用弹鼓，既可配两脚架，又可装三脚架。这种机枪装在两脚架上，配上弹鼓，就是轻机枪（重12公斤）；装在三脚架上，配上弹链，就是重机枪；若在高射枪架上，又可作高射机枪用。还能安装在坦克和装甲车上。这是世界上第一种轻重两用机枪。它后来改进发展为MG－43轻重两用机枪。MG－34式机枪在第二次世界大战中显示了极大的优越性，使得其他国家纷纷效仿，在第二次世界大战后研制出了多种两用机枪。如今，轻重两用机枪已经是基本取代了重机枪的地位。

与MG－34相比，1942年生产的MG－42造价低廉，火力凶猛，射速超过每分钟1000发！在第二次世界大战中共生产100万支。火力凶猛的MG－42通用机枪号称是"第二次世界大战中最好的机枪"，给盟军造成了巨大的心理恐慌。

机枪带有两脚架、枪架或枪座，是能实施连发射击的自动枪械。它以杀伤有生目标为主，也可以射击地面、水面或空中的薄壁装甲目标，或压制敌火力点。通常分为轻机枪、重机枪、通用机枪和大口径机枪。根据装备对象，又分为野战机枪（含高射机枪）、车载机枪（含坦克机枪）、航空机枪和舰用机枪。轻机枪装有两脚架，重量较轻，携行方便。战斗射速一般为80～150发/分，有效射程500～800米。重机枪装有稳固的枪架，射击精度较好，能长时间连续射击，战斗射速为200～300发/分，有效射程平射为800～1000米，高射为500

米。通用机枪，亦称两用机枪，以两脚架支撑可当轻机枪用，装在枪架上可当重机枪用。大口径机枪，口径一般在 12 毫米以上，可高射 2000 米内的空中目标、地面薄壁装甲目标和火力点。

【点评】机枪带有两脚架、枪架或枪座，能实施连发射击的自动枪械。机枪以杀伤有生目标为主，也可以射击地面、水面或空中的薄壁装甲目标，或压制敌火力点。

狙击步枪：精准杀手

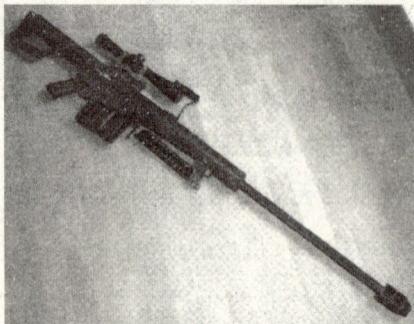

狙击步枪

在美陆军和海军陆战队中，装备有不少令人畏惧的狙击步枪。与一般步枪比较，狙击步枪有以下不同：

第一，枪管质量好。步枪特别是远射程步枪，其射击精度好坏主要取决于枪管的质量。狙击步枪的枪管管壁较厚，外径一般为：20~25 毫米，有时甚至达到 30 毫米。内膛加工精度和光洁度都比一般枪管高。制造枪管的钢材也较好，一般用铬铝钢和不锈钢。枪管变形和磨损较小，射击精度得以保证。枪管上安装有比制式步枪消焰器复杂得多的消焰制退器，有些还加配消音器，射击时后坐力较小，易于保持稳定。

第二，配有白光瞄准镜。瞄准镜是狙击步枪必备的部件。瞄准镜放大倍率一般较大，在远距离和弱光条件下，也具有较好的清晰度。瞄准镜使射手更容易发现目标，且能大幅度降低瞄准误差。有的狙击步枪还配备夜视瞄准镜，具有夜间作战能力。

第三，枪机与机匣坚固。射击时，机匣会受到张力和弯曲力的作用。由于狙击步枪枪管较重，这种作用力更大，因此，狙击步枪的机匣大多采用包裹式。射击时，枪机处于完全闭锁和静止状态，枪机整体很坚固。

第四，机匣与枪托装配牢固，枪托坚固。狙击步枪的机匣和枪托的相互适配是影响精度的另一个重要因素。狙击步枪的护木和抵肩的枪托通常为一个整体，枪管受外力约束较少。机匣与枪托之间的接触面加工精细。这样，不但保证了机匣枪托装配时的稳定性，而且还减少了机匣弯曲的程度，使每发弹出膛后，金属体和枪托都能迅速恢复到原来的作用位置上。此外，狙击步枪枪托一般采用完全干燥后在环氧树脂中浸泡过的核桃木或者玻璃钢做成，有的用合成材料做成，十分坚固。

第五，人体工程设计合理。狙击步枪的枪托长度（后座缓冲垫）和高度（贴腮板）一般都可调节，使狙击手射击时尽可能舒适自然，保持步枪的稳定。

第六，有的狙击步枪使用专用的高精度弹药，弹药带来的射击误差极小。

这些特别之处，就使狙击步枪成为狙击手得心应手的工具，成为能百发百中的武器。世界上主要国家的军队现都装备狙击步枪。

在狙击步枪中，M－24狙击步枪被称为一枪夺命的"杀手"。它是一种专门承担重要任务的武器，可精确命中标准制式步枪有效射程以外的特殊目标，为战场指挥员提供对付主要敌人和其他高价值目标

狙击步枪

的可靠性和远距离射击能力。M－82狙击步枪则犹如"灵巧炸弹"，能准确地将爆炸物清除掉，并摧毁各种步兵战车。使用此枪，一个人站在距机场2000米处，用爆炸型弹药在数秒内可摧毁停机坪上的任何东西，是用于偷袭敌方机场、油库、车站和下车战斗步兵的理想兵器。麦克米兰系列狙击步枪则是"百步穿杨"的"神射手"，主要是远距离作战使用。可以说狙击手在战场上的良好表现，除了射手精湛的射击技术以外，质量上乘的狙击步枪是必不可少的。

【点评】狙击步枪是狙击手专用的装有光学瞄准镜或夜视瞄具的远距离高精度步枪，其首要任务是歼灭敌重要的单个有生目标。在现代战争中还发展了大口径狙击步枪，用来打击敌特殊高价值目标。由于狙击步枪射程远，精度高，威力大，令人望而生畏。

炮弹：长有"眼睛"，会"思维"

炮弹作为一种硬杀伤武器，随着时代变迁和技术的发展，已悄然跻身于现代信息化武器行列中，一大批从单纯追求对目标的硬杀伤转向对目标的软杀伤，从对具体目标的毁伤转向对武器系统破坏的长"眼睛"，会"思维"的新概念信息化炮弹脱颖而出。

比如，法国和瑞典正在联合研制的155毫米"博尼斯"为典型代表的制导炮弹。这是炮弹与导弹的"混血儿"。它既具有普通炮弹那样的"外貌"和初速大、射程远等特点，又具有导弹的特殊"本事"——能自动修正射击方向，并准确地导向目标。这种炮弹主要由寻的头、电子部件、控制机构和战斗部等部分组成。寻的头是炮弹的"眼睛"，当炮弹飞临目标上空时，它就会自动寻找要攻击的目标；电子部件相当于人的"大脑"，它能把炮弹飞行中与目标的方向偏差计算出来，告知控制机构，以便进行修正。控制机构的任务是接收误差信号，修正偏差，使炮弹准确地跟踪目标。战斗部则是完成歼敌任务的核心。这种炮弹在发射前，必须有人在阵地前沿地面或直升机上操纵一个激光波束照射到目标。这样，当炮弹快接近目标时，炮弹上的特殊"眼睛"——寻的头就开始工作，它不断接收目标反射的激光回波信号，并借助弹上的自动控制系统，沿着激光束飞行，直到命中目标。制导炮弹的产生，带来了炮兵的一场革命，它使以往只能进行面射的火炮家族，有了对点目标实施远距离精确打击的可能。而且，再也不必为命中远距离的小目标而消耗大量的炮弹了。

再如，"发射后不用管"的遥感炮弹，又叫自寻的子母弹，是一种远距离反坦克新弹种。它兼有一般火炮所使用的子母弹和末端制导炮弹两种炮弹的特点。当遥感炮弹由大口径火炮发射至目标上空时，降落伞张开，弹内信息传感器开始工作，它如同一部小雷达来搜索目标。发现目标后小破甲弹起爆，向目标射出一枚高速弹芯，可击穿装甲目标的顶部装甲。且"发射后不用管"，它能从数十公里以外有效地摧毁敌装甲目标，威力大、命中率高，一枚炮弹可同时多点攻击。

还有"骗你没商量"的诱饵炮弹。通过辐射强大的红外线能量，从而制造出一个与所保护目标相同的红外辐射源，进而欺骗红外导弹上当受骗。如德国生产的 76 毫米"热狗"红外诱饵弹，发射后两秒钟即可形成红外诱饵。

另外，美国 20 世纪 80 年代后期研制成功了 155 毫米目标验证和毁伤评估炮弹。该弹发射后能够在空中悬浮 5 分钟，由射击分队的一名操作手遥控飞行，指挥员在电视屏幕上可将目标被毁情况尽收眼底，使对目标盲射变为可视目标打击，其作用距离达 60 公里，堪称是指挥员的"透视眼"。

除这些外，还有侦察炮弹、干扰炮弹等。

炮弹长"眼睛"，会"思维"，能有效地命中、击毁目标，关键还是这些信息化炮弹的制导装置，如制导炮弹的寻的头及电子部件、遥感炮弹的信息传感器、诱饵炮弹的红外辐射源等，它们好比是人的大脑和眼睛，引导炮弹准确地寻找和攻击目标。

【点评】现代炮弹如同人一样，长有"眼睛"，会"思维"，引导炮弹准确地寻找和攻击目标，使"战争之神"火炮家族如虎添翼，再次确立了"战争之神"在未来信息化战场上的重要地位。

霰弹枪：近战霸王

霰弹枪，是指无膛线（滑膛）并以发射霰弹为主的枪械。一般外形和大小与半自动步枪相似，但明显区别是有较大口径和粗大枪管，部分型号无准星或标尺，口径一般达到18.2毫米。霰弹枪旧称为猎枪或滑膛枪，现在的有时又被称为鸟枪。

霰弹枪

霰弹枪作为军用武器已经有相当长的历史，自热兵器问世，它就开始装备军队。在两次世界大战中，霰弹枪都曾发挥过较好的作用。在侵越战争中，美军和南越部队使用了约10万支"雷明顿（Remington）870"泵动霰弹枪。实战表明，霰弹枪在特种战斗中是其他武器不能完全代替的。军用霰弹枪特别适合特种部队、守备部队、巡逻部队、反恐怖部队等在下列三种情况下使用。

一是，近距离战斗。由于霰弹枪的射程在100米左右，减少了因跳弹或贯穿前一目标后伤及后面目标的概率。所以，霰弹枪特别适用于丛林战、山区战、城市战及保护机场、海港等重要基地和特殊设施。

二是，突发战斗。由于霰弹枪具有在近距离上火力猛、反应迅速，以及面杀伤的能力，故在夜战、遭遇战及伏击、反伏击等战斗中能大显身手。

三是，防暴行动。发射催泪、染色弹的霰弹枪可以用来驱散聚众闹事的人群，抓捕犯罪分子。

现代军用霰弹枪外形和内部结构都非常类似于突击步枪，全枪基本由滑膛枪管、自动机、击发机、弹仓、瞄准装置以及枪托、握把等组成。按装填方式多属于半自动霰弹枪和自动霰弹枪，供弹方式有泵动弹仓式、转轮式、弹匣式三种。

军用霰弹枪主要发射集束的球形弹丸（霰弹弹丸）。枪管内膛由弹膛、滑膛及喉缩三段组成，三段以锥度连接。

弹膛容纳霰弹，滑膛为霰弹弹丸加速运动区段，在离膛口约60毫米区段，沿枪口方向适当缩小直径的部位称喉缩。弹丸在此受集束作用飞出枪口，以增加射击密集度和射程。

霰弹枪滑膛部分的直径称口径，目前军用霰弹枪大多数采用12号口径，按照国际通用标准，12号口径实际膛径为18.5毫米。

军用霰弹枪除了具备自动、半自动射击方式外，一般都具备泵动式（指半自动射击时，借助手拉动前护木来带动自动机完成抽壳、抛壳等自动动作，这种作用方式类似于气筒打气的过程）射击方式。之所以要具备泵动式结构，是由于滑膛枪的膛内压力较低，像催泪弹或橡皮头弹等防暴用弹药，由于火药气体产生的不足而使武器不能正常使用，这时利用泵动方式将得心应手。

为了满足机动灵活性的要求，军用霰弹枪全枪长一般不应超过1.1米，全枪重量应小于4.5公斤，有效射程60~150米。

同其他枪械相比，霰弹枪的主要特点是：1. 首发命中率比手枪高得多；2. 快速反应能力比冲锋枪好；3. 火力猛，一发霰弹含有多个弹丸，相当于其他枪种的一个速射或齐射；4. 质量比榴弹发射器小，可单人携行。

霰弹枪的主要缺点是射程近，一般仅为60米。为克服这一缺陷，国外正在研制杀伤力大、射程远的霰弹。如美国研制的集束杀伤箭形弹，其钨合金弹丸可在150米距离上击穿76毫米厚的杉木板或3毫米厚的软钢板。目前，世界各国装备的霰弹枪，其口径主要有 10 号、12 号、16 号、20 号、28 号和 410 号等数种。

发展多用途战斗霰弹枪的技术途径主要有两种：一种是使其武器的弹膛能适应发射多种弹药的要求，使弹药形成系列，以适应各种用途，如美国的近战突击武器系统 CAWS。另一种是通过更换枪管、拆卸枪托及小握把等实现发射不同口径的弹药及全枪外形结构的改变，如英国研制的多用途防暴枪。多用途战斗霰弹枪可以成为军用、警用、防暴、反恐怖的通用武器。

此外，开发步/霰合一武器也是方向之一，这能弥补霰弹枪射程近的不足，又有增强步枪的火力机动性。两枪合一带来的问题是系统重量偏大，目前，通过采用轻材料、步/霰枪机构合一等措施，这个难题已有望解决。

【点评】军用霰弹枪又称战斗霰弹枪，是一种在近距离上以发射霰弹为主杀伤有生目标的单人滑膛武器。随着霰弹枪在未来战场上使用范围不断扩大，可能遇到的目标也会多种多样。单一用途的霰弹枪将满足不了作战使用要求。因此，大力发展多用战斗霰弹枪，是各国在霰弹枪领域中研制、开发的一个重点。

第二章 现代坦克（装甲车）

"豹" 2 坦克：陆战王中王

　　"豹" 2 主战坦克是由德国的克劳斯－玛菲公司和克虏伯－马克公司生产的，1966 年开始研制，1976 年至 1979 年间为改进和定型生产阶段，1979 年 10 月，第一批"豹" 2 坦克正式装备部队。

　　"豹" 2 坦克由 25000 多个零、部件构成，参与生产的厂家多达1500 家，可以说是集中了西德工业技术力量的精英。将"豹" 2 坦克和美国的 M1 坦克进行对比，发现"豹" 2 在机动性和火力方面都比M1 要略胜一筹，只是防护性比 M1 要稍弱一些。由此可见，"豹" 2坦克的确身手不凡。

　　"豹" 2 式主战坦克的战斗全重为 55 吨，乘员为 4 人。外部识别

"豹" 2 坦克

特征为：侧面看，有 7 个负重轮，第 2、3、4 轮之间的距离稍短；有侧裙板，后面 3 块"下摆"呈折线状；炮塔尾舱较大；炮塔后部有两排共 8 具烟幕弹发射筒；炮塔后部的横风传感器，好像孙悟空尾巴变成的旗杆；动力舱有一点上翘。从正面看，最突出的特征是炮塔较大，有棱有角，立面是垂直的。从顶面看，后部的两个环形散热器的圆形进气口很显眼。从后部看，环形散热器的排气口格栅十分醒目。

著名的莱茵金属公司研制的"豹"2 式坦克的 120 毫米滑膛炮，装有立楔式炮门和液压半自动装弹机，配用半可燃药筒的尾翼稳定脱壳穿甲弹；采用能自动计算内外弹道影响数据的综合电子火控装置，单独稳定的车长周视潜望镜，炮长周视激光测距瞄准镜和夜视瞄准镜。辅助武器为一挺 7.62 毫米并列机枪和一挺 7.62 毫米高射机枪。"豹"2 式坦克的 120 毫米滑膛炮还是很有名气的。1975 年在英国举行的英、美、西德三国坦克炮射击比赛中技压群芳，一举夺魁。美国的 M1A1 坦克和日本的 90 式坦克都选用了莱茵金属公司的 120 毫米滑膛炮。由于采用了热像仪，具有全天候作战能力。

"豹"2 坦克的动力装置采用一台 MTU 公司生产的 MB873Ka – 501 型水冷、涡轮增压、多燃料发动机。它不仅功率高，结构紧凑，而且加速性能好，燃油比耗量低，有电子控制和工况监测系统。这种发动机不仅在 20 世纪 70 年代末，就是到了今天仍然是世界上功率最高的坦克柴油机。"豹"2 坦克的单位功率高，最高速度可达 72 公里/小时，而且由于它悬挂装置性能好，在越野行驶时可以发挥最大速度，任凭路面崎岖不平，仍可以疾驰如飞。"豹"2 坦克装上通气筒后，可在 4 米深的水下潜渡。夜间驾驶时，驾驶员可利用像增强式夜视仪。因此，"豹"2 型主战坦克反应敏捷、快速灵活，机动性能高超。

在"豹"2 坦克的设计过程中，就十分重视提高坦克及乘员的生存能力，在总共 20 条战术技术要求中，把"乘员生存能力"放在首位。具体措施包括：

采用间隙式复合装甲。装甲分配比例为：炮塔占 45%，车体正面

21%，车体两侧16%，车体两侧下部及底装甲13%，车体两侧后部3%，车体后部2%。采用隔舱化布置，防止二次杀伤效应。降低车高，并加大装甲板倾角。有集体式三防系统。车体两侧有侧裙板，提高了对破甲弹的防护能力。有自动灭火抑爆装置。

"豹"2坦克的另一个优点是可靠性高，维修性好。各系统的主要部件经过严格检验，保证了加工及装配质量。车内装有系统的自检装置，可监视部件的工作状况。动力传动装置可以很方便地从车内整体吊出。据说，只要15分钟便可以将整个动力传动装置吊出，而M1坦克则需要45～60分钟。

【点评】凡是对现代坦克有所了解的人，恐怕没有不知道"豹"2坦克的。西方军事评论家说它是"当代最优秀的主战坦克"、"火力、机动性和防护力的最佳选择"、"西德陆军的骄傲"。美国著名军事学者詹姆斯·邓尼根在20世纪80年代初评价各种武器的战斗价值时，在"坦克"一项中，德国的"豹"2坦克独占鳌头。

"公羊"坦克：并非是"白羊"

意大利的主战坦克叫"公羊"而不称作"白羊"，是中国人翻译

"公羊"坦克

造成的，该坦克原来的意大利名字是 Ariete 坦克。

第二次世界大战后，直到 20 世纪 70 年代末期，意大利未能生产和研制坦克。这可能跟意大利是"二战"中的战败国有关。1981 年，意大利的奥托·梅莱拉公司设计并生产出 OF40 主战坦克，出口到阿拉伯联合酋长国，而意大利陆军并未装备。意陆军装备的坦克是 M60A1 和"豹"坦克。

1984 年初，意大利陆军放弃原定购买"豹"2 坦克的计划，决定自行研制主战坦克。由意大利的奥托·梅莱拉公司为主承包商，阿维科·菲亚特公司为底盘部分的承包商，研制的代号为 C－1 主战坦克。它和同时研制的 B－1 "半人马座"装甲车一道，构成了意大利陆军"装甲部队现代化计划"的核心装备。

1986 年底，制成了头一辆样车。1987 年 6 月，意大利陆军正式命名为 C－1Ariete 主战坦克。1988 年，生产出 6 辆样车，并开始了行驶试验，这项试验一直进行到 1992 年初。1992 年 6 月，军方和厂家签订了生产 200 辆 C－1Ariete 主战坦克的合同，首批生产型坦克于 1993 年底交货，每年交付 33 辆，到 2000 年前交齐 200 辆坦克。

那么，这个 Ariete 到底是什么意思呢？这里面还有一个译名趣事。国内权威性的坦克类工具书和刊物有两种译法：一种译为"阿瑞特"坦克，一种译为"公羊"坦克。到底哪一个对呢？应当说，都对，又都有点问题。前一种译法是音译，而当前约定俗成的做法是"装备名称尽量用意译"。后一种译法倒是意译，但又不完全确切。查阅《意汉大词典》可以知道，Ariete 有多种解释，包括"公绵羊、（古兵器中的）攻城槌、撞墙锤、白羊座"等。联想到欧洲中世纪时，攻城槌和撞墙锤在攻城中经常使用，而坦克又是进攻性武器，似乎译为"攻城槌"坦克最为恰当。不过，以星座和星星来命名军事装备也不乏其例。什么北极星、天狼星、冥王星、室女座、英仙座、天琴座、半人马座、御夫座、银河等，比比皆是。而和 C－1 坦克相配合的 B－1 装甲车，就以"半人马座"命名，所以，笔者认为，Ariete 坦克译为

"白羊座"坦克，似乎更恰当些。况且，一个星座就对应着一个美丽动听的希腊神话。再加上 Ariete 对应着"攻城槌、撞墙锤"，而 Centauro（半人马座）又可转译为"摩托车运动员"，一语双关，妙不可言。不过，国内的行家们已经习惯了"公羊"坦克这一称呼。不管怎么翻译，公羊坦克是 20 世纪 90 年代初，意大利研制出具有先进水平的主战坦克。

【点评】Ariete 坦克译为"白羊座"坦克，似乎更恰当些。况且，一个星座就对应着一个美丽动听的希腊神话。再加上 Ariete 对应着"攻城槌、撞墙锤"，而 Centauro（半人马座）又可转译为"摩托车运动员"，一语双关，妙不可言。

"号角"坦克：作战还要带澡盆

"号角"坦克是南非的主战坦克。主战坦克带澡盆，这可是个新鲜事。南非的主战坦克就有此一绝。南非地处热带地区，气候炎热，在这种气候中进行野外作战训练，驾驶员们常常是沙尘满身，为考虑乘员在野地里痛痛快快洗澡的需要，装甲车辆设计者们在设计坦克时特地在炮塔尾部设计了一个储物的闲舱，一来可以储存物品，二来还可以当澡盆用。所以，这个澡盆是最受南非坦克兵欢迎的装置之一。战斗时，只能把水放掉当储物室用。

"号角"坦克

南非的"号角"主战坦克虽然不如M1、"豹"2、M2、"黄鼠狼"等名气大，但很有自己的特色。其一，主战坦克带澡盆。其二，采用轮式。南部非洲大部分是高原，地势平坦，便于车辆机动，再加上长途跋涉的军事需要，南非研制的装甲车辆很重视公路机动性，以至于能采用轮式的，就不采用履带式。不仅步兵战车是轮式的，就连155毫米自行榴弹炮也是轮式的，这在其他国家十分罕见。其三，不特别强调火力，为了多携带几发炮弹，甚至有意选择口径较小的主炮。其四，在坦克设计中，还特别注意适应热带气候的特点，对外国坦克进行改造吸收。

"号角"坦克是对英国"百人队长"主战坦克改装基础上设计生产出来的。南非换上了经英国特许生产的L7型105毫米坦克炮，并加装了新的炮膛抽烟装置和热护套，以气冷柴油机和自动变速箱代替原来的汽油机和手动变速箱，主炮的弹药基数为68发，在同一类型坦克中是数一数二的。这充分考虑了坦克远离基地作战的需要。辅助武器为2挺7.62毫米机枪。烟幕弹发射器的安装位置也很特别。一般坦克的烟幕弹发射器多安装在炮塔前部两侧，而"号角"坦克的烟幕弹发射器则安装在炮塔尾部两侧，这样可以在坦克穿越丛林时避免烟幕弹发射器被树枝刮掉。

"号角"坦克安装了一台功率更大的涡轮增压柴油机，功率达690千瓦。公路最大速度达到58千米/小时，传动装置中采用自动变速箱，有4个前进挡和2个倒挡，还有一个双速机械转向装置，驾驶员换挡和转向都很灵便。它的扭杆式悬挂装置也是新设计的，使负重轮的总行程达到了435毫米，提高了坦克在不平路面的行驶能力。

在车首体上甲板、炮塔正面和侧面都增装了特殊装甲，提高了对正面攻击的防护能力。底甲板的设计也很特殊，是双层的，两层底板中间有一个空间，除了安装扭力轴外，还能衰减地雷爆炸波的能量，增强对地雷的防护能力，这也是南非军方从实战中总结出来的改进措施。坦克的炮塔也是重新设计的。其突出特点是炮塔围绕其旋转中心保持平衡，这样更利于炮塔旋转。

> 【点评】相比之下，南非的"号角"主战坦克名气不大，但用它来对付安哥拉军队装备的 T-54 和 T-55 等坦克却绰绰有余。

"黄鼠狼"战车：西方国家最早装备的步兵战车

"黄鼠狼"步兵战车，是西方国家最早装备的步兵战车。1960年，联邦德国军方委托工业部门开始研制步兵战车。1969年4月，开始批量生产。1969年5月，正式命名为"黄鼠狼"步兵战车。1971年5月起，开始装备联邦德国国防军。到目前为止，德军共装备"黄鼠狼"步兵战车2136辆，成为德军装甲旅和摩托车步兵旅的重要装备。

"黄鼠狼"步兵战车有4名乘员、6名载员。车体前部为驾驶室（左）和动力舱（右）；中部为战斗室，装有双人炮塔、20毫米机关炮、并列机枪；后部为载员舱。主动轮在前，诱导轮在后，这也是步兵战车通常的布置方案。

其20毫米机关炮射速达到800~1000发/分，可发射穿甲弹和榴弹，用弹链供弹。但是，和后来研制的各国步兵战车相比，20毫米机关炮的口径，算是最小的了（20毫米机关炮的弹药基数为1250发）。这也是德国军方后来要对"黄鼠狼"步兵战车加以重大改进的原因。

"黄鼠狼"战车

其辅助武器中，除了并列机枪外，车体尾部还有一挺7.62毫米机枪，可由车内遥控射击。机枪弹的弹药基数为5000发。车内的搭载步兵可以用冲锋枪从车体两侧的射击孔向外射击。改进后的"黄鼠狼"A1型车上，装上了"米兰"反坦克导弹发射器，携4枚导弹，具有与敌方坦克作战的能力。

"黄鼠狼"步兵战车的机动性也相当出色。它的动力装置为涡轮增压柴油机，最大功率为441千瓦，比其他步兵战车的发动机的功率都要高。由于它的单位功率高，使它的最大速度达到了75公里/小时的高速度，在步兵战车中是出类拔萃的。其传动装置为液力机械变速箱，有4个前进挡和1个倒挡。行动装置采用扭杆悬挂装置，并有液压减震器，使车辆有良好的行驶平稳性。

"黄鼠狼"步兵战车还具有一定的水上行驶能力。加上浮囊后，可以浮渡。装上发动机进气通气筒后，可以潜渡水深不超过2米的江河。

由于在设计中要求"黄鼠狼"步兵战车能和"豹"式主战坦克并肩作战，所以，它的防护性能也相当出色，在现装备的步兵战车中是数一数二的。车内还有集体式三防装置、自动灭火装置和隔舱化布置，使它具有相当强的综合防护力。

"黄鼠狼"步兵战车共有A1、A2、A3三种改进型。改进的重点是加装了反坦克导弹发射器，用热像仪代替了微光夜视仪，加装了附加装甲等，使改进后的"黄鼠狼"步兵战车在性能上更上一层楼。

【点评】"黄鼠狼"步兵战车，是一种很有特色的步兵战车。它是世界上当时装备的步兵战车中最重的步兵战车，算得上是步兵战车中的"排头兵"了。但它有个特点就是不断的改变，十分不"安心"。

"勒克莱尔"坦克:"世界上最先进的主战坦克"

法国把主战坦克命名为 AMX－勒克莱尔,主要是为了纪念法国装甲兵元勋勒克莱尔·德·英特克洛克将军的。

装有自动装弹机和先进的火控系统。"勒克莱尔"坦克是西方第一种实现了三人乘员组的主战坦克。由于"勒克莱尔"坦克装上了自动装弹机,取消了装填手,炮塔内只有两名乘员,车长在火炮的左侧,炮长在火炮的右侧,车长和炮长均有完善的观察瞄准仪器。主要武器是一门法国自行研制的 CN120 型 120 毫米滑膛炮,带自动装弹机。火炮身管采用先进的自紧工艺和内表面镀铬工艺,提高了强度和耐磨性。辅助武器为一挺 12.7 毫米并列机枪和一挺 7.62 毫米高射机枪。高射机枪可由车长或炮长从车内遥控射击。

"勒克莱尔"坦克上的火控系统是当代主战坦克上最先进的"猎手—射手"式火控系统。系统中包括数字式计算机、炮长用和车长用的独立稳定的热成像瞄准镜、火炮双向稳定器、激光测距仪和各种传感器等,可以说集现代主战坦克火控系统之大成。它可以在 1 分钟内捕捉 5 个目标,而一般的现代化坦克只能捕捉 3 个目标。"勒克莱尔"坦克的第二个特点是采用了独一无二的超高增压柴油机,由法国联合

"勒克莱尔"坦克

柴油机公司研制，型号为"普瓦约"V8X 型。超高增压技术是法国率先应用于柴油机上的，在世界上居于领先地位。

独占鳌头的战场管理系统。"勒克莱尔"坦克首次在主战坦克上采用了自动化的战场管理系统。说它是"面向 2000 年的计算机化的坦克"，这恐怕是最重要的一条。战场管理系统，再加上数字式多路传输数据总线，使"勒克莱尔"坦克的指挥能力和自动化水平提高了一大步。"勒克莱尔"坦克上的电子设备是围绕着数字式数据总线来布置的。数据总线可连接 32 个接口，而每个接口又可同 32 个子系统相连。但是，实际上只用了 7～8 个接口，一方面使总费用不至于太高，另一方面也为功能扩展留下了余地。

数据总线所连接的终端有：（1）火控和火炮瞄准、驱动装置相对应的两个中央微处理机。（2）炮长和车长的昼夜合一瞄准镜。每个瞄准镜分别有两个微处理机，控制瞄准镜的工作，并能进行必要的运算。（3）炮口规视微处理机。（4）控制自动装弹机的微处理机。（5）同驾驶员控制面板连在一起的微处理机。此外，还需要为即将安装的 PR4G 型跳频数据传输网络电台终端准备一个接口卡。

车上还有自主式导航定位系统、自动报告系统等。将"勒克莱尔"坦克的电子系统作为一个集中系统来设计，可使坦克乘员向其他坦克和上级指挥官报告重要的信息，也可以接收对方传来的信息，如指示坦克的位置、目标、弹药和油料消耗情况、故障部位等。当某一个部位遭到破坏或出现故障时，系统会自动地组成新的系统，即选择对整体影响不大的工作方式继续工作，提高了系统的可靠性。有了战场管理系统和先进的观瞄仪器，使"勒克莱尔"坦克具有全天候作战能力。

面目一新的装甲防护。"勒克莱尔"坦克的样车一出现，战斗全重就由上一代 AMX－32 坦克的 40 吨一下子提高到 53 吨，再加上采用了模块式复合装甲，给人以面目一新之感。这种模块式复合装甲既便于修理，又便于更换为性能更先进的复合装甲，有发展潜力。这种复合装甲以多层钢装甲和陶瓷材料为基础，既能防破甲弹，也能防穿甲弹。对穿甲弹的防护能力较以前的均质钢装甲提高了一倍。此外，顶部防护也得到了加强。以装甲防护为基础，加上综合的防护措施，使"勒克莱尔"坦克具有极强的战场生存力。

【点评】在西方先进主战坦克行列中，"勒克莱尔"算是后起之秀，法国人称它为"超级坦克"、"电脑坦克"，是"世界最先进的主战坦克"。戴上这几顶桂冠，自然是够荣耀的了。那么，"勒克莱尔"坦克到底够不够格呢？这种坦克是20世纪90年代以后出现的一种全新主战坦克，具有无与伦比的特性。

"梅卡瓦"坦克："世界上防护力最强的坦克"

"梅卡瓦"坦克具有以下特点：设计的指导思想与众不同。研制的核心人物是被称为"以色列坦克兵之父"的塔尔少将。他明确提出，"只有具备充分防护力的坦克，才能算是真正的坦克"。根据四次中东战争的经验和对坦克中弹损伤情况的分析，以色列军方坚持了"防护第一，火力第二，机动性第三"的设计思想，使得"梅卡瓦"

"梅卡瓦"坦克

坦克独具匠心。

最重视生存力的坦克。突出防护特点之一是采取发动机传动装置、油箱等前置的布置方法，从车首至战斗室共有五层装甲防护，车体后端有两扇门，两旁有蓄电池和三防装置。防护特点之二是，车体四周、炮塔周壁几乎都是二层或三层间隔装甲，对空心装药破甲弹及动能弹都有良好的防御效果。防护特点之三是，将全部弹药储放在位于车体后部的用特种材料制成的防火箱内，使弹箱在1000℃高温下持续1个小时，保护弹药不被引爆。再有就是为确保乘员安全，配备了自动灭火和防爆装置。

"梅卡瓦"的多种防护措施，经受住了1982年黎巴嫩战争的考验，表现出很强的生存能力。在整个战争中投入的300辆坦克中，只有10辆被打坏，车内乘员无一人死亡，甚至有一辆坦克是被连续命中37发炮弹。这10辆坦克在不到2天的时间就得到了修复。

在战场上，一般坦克发动机被破坏率占被打坏坦克的70%，而有厚装甲防护的"梅卡瓦"坦克的发动机没有一台被打坏。通常被击中的坦克有30%要起火，起火后有85%～90%的坦克将全部烧毁。"梅卡瓦"坦克被击中后只有15%起火，而且无一烧毁。由于采用隔舱化，设有装甲防护的自封式油箱和防火弹药箱，使得造成二次破坏效应的概率降至最小。

除此之外，"梅卡瓦"用105毫米炮击毁了9辆苏制T－72坦克。通过以色列用自制的105毫米脱壳穿甲弹将T－72复合装甲击穿的战例，使人们对以寡敌众、以质胜量的以色列人为什么叫"沙漠中的仙人掌"有了更深的了解。

融合5次实战经验（4次中东战争和黎巴嫩战争）研制出的"梅卡瓦"3型于20世纪90年代装备部队，主炮采用120毫米滑膛炮，坦克、正面及两侧挂装有模块化特种装甲，"埃尔比特"数字式火控系统包括激光测距仪、回旋稳定瞄准器、弹道计算机、电动油压式炮身固定装置等一级精品。该坦克战斗全重60吨，乘员4人，发动机功率为895千瓦，最大速度60公里/小时，越野速度40公里/小时，最大行程500公里。主要武器是120毫米滑膛炮，弹药基数62发，辅助武器中有1门60毫米迫击炮，采用扰动式火控系统。

【点评】"梅卡瓦"坦克是以色列的主战坦克，大概是现装备的世界坦克中最具特色的主战坦克了。有人说，"梅卡瓦"是"多次经过实战考验的西方80年代的坦克"，是"世界上防护力量最强的坦克"。可见，在传统的炮塔式坦克中，"梅卡瓦"坦克独树一帜，令人瞩目。

"隼"式快速突击车：海湾战争中第一个进入科威特

如果有人问，在1991年的海湾战争中，最先进入科威特市的战斗车辆是哪一种？你一定会想到，不是M1主战坦克，就是M2步兵战车。其实，第一辆进入科威特市的，是一种很不起眼的"隼"式轻型快速突击车。

海湾战争中，担任东线作战的主力是美军海军陆战队第一师和第二师，还有阿拉伯各国的联合部队。1991年2月26日凌晨，美军海军陆战队的第一师、第二师和配属的陆军猛虎旅向扼守科威特国际机场的伊军发动猛攻，摧毁伊军坦克100多辆，使东线的伊军元气大伤。在这种情况下，美海军陆战队的海豹特种战斗小组出动了号称"沙漠甲虫"的"隼"式轻型快速突击车，发挥它快速、敏捷的特点，开足马力，勇往直前，直插距科威特市区15公里的科威特国际机场，成为进入科威特市的第一种军用战斗车辆。

其实，经过激烈的战斗，美军海军陆战队的主力部队已经扫清了道路，打开了局面。不过，"隼"式快速突击车能够拔得头筹，它的快速机动能力也自然十分了得。还有消息说，"隼"式快速突击车在约旦边境和伊拉克后方也出现过，但未得到证实。

"隼"式快速突击车，是由"沙漠甲虫"赛车演变而来的，因为它小而轻，在海湾战争中也有人称它为"沙漠甲虫"。而"沙漠甲虫"赛车则是德国大众汽车公司的"甲壳虫"微型汽车发展起来的。大众"甲壳虫"，是一种享誉世界的微型小汽车，在全世界的总销量达到2100万辆，创造了世界汽车"销量之最"。

"隼"式快速突击车

"隼"式快速突击车为 4×2 车型，空车重 950 公斤，最大载重量为 680 公斤，这样，它的战斗全重只有 1.63 吨。早期型为乘员 2 人，后改为 3 人。为了减轻车重，"隼"式快速突击车只有车架，不仅不加装甲，连车篷也没有，发动机也露在外面不加盖，在设计上算得上是"斤斤计较"了。车上的武器是一挺 M2 型 12.7 毫米机枪或 40 毫米 M19 枪榴弹发射器，也可选装 30 毫米机关炮或"陶"式反坦克导弹发射器。其动力装置为 94 马力（69 千瓦）的风冷汽油机，变速箱有 4 个前进挡和 1 个倒挡，最大公路速度高达 135 公里/小时，越野速度达 60～120 公里/小时，最大行程 515 公里；加附加油箱后，最大行程为 965 公里，已经超过了主战坦克的最大行程。"隼"式快速突击车由美国切诺斯公司生产。

【点评】号称"沙漠甲虫"的"隼"式轻型快速突击车，它速度快、行动敏捷，马力足，以至在海湾战争中勇往直前，最先进入科威特市，拔得头筹。

"挑战者"坦克：备受挑战的当代著名主战坦克

"挑战者"坦克

"挑战者"主战坦克由英国皇家军械公司的里兹坦克厂生产，是当代著名的主战坦克之一。

由于"挑战者"坦克是在"酋长"坦克的基础上改进而成，继承了"酋长"坦克的许多部件。这样，"挑战者"除了防护性外，其火控系统和机动性都比 M1 和"豹"2 坦克要差一截。为了使"挑战者"的性能再提高一步，英国国防部于 1988 年 12 月和维克斯公司签订了为期 21 个月的"挑战者"2 型坦克的研制合同。合同规定，1990 年末应向军方交出 2 辆样车，1992 年下半年交付第一批生产型样车。由于维克斯公司于 1986 年购置了皇家军械公司的里兹坦克厂，研制"挑战者"2 型坦克的任务，就全部由维克斯公司来承担了。

1990 年，"挑战者"2 型坦克问世。与原来的"挑战者"坦克相比，2 型有 16 项重大改进，主要包括：采用 L30 型 120 毫米线膛炮，新型的 TN54 自动变速箱，最新的"乔巴姆"装甲，新型的火控系统和增强顶部防护的新炮塔等。其中，以火控系统的改进最大。这种火控系统是 M1A1 坦克火控系统的改进型，包括新型火控计算机、稳像式三合一瞄准镜、全电式炮控系统等。显然，"挑战者"2 型坦克的性能较原来的"挑战者"坦克有了大幅度提高。但是，"挑战者"主战坦克，无论是 1 型也好，2 型也好，都面临着严峻的挑战。现在看来，20 年来，它至少面临了三次巨大的挑战。

一次是英国未来坦克选型的挑战。1987 年，英国国防部以国际上公开招标的方式，来选定英国未来的主战坦克。一时间，西方各国的坦克生产厂商纷纷响应，决心一争高低。美国通用动力公司的M1A1坦克、德国克劳斯—玛菲公司的"豹"2坦克、法国GIAT公司的"勒克莱尔"坦克，再加上英国维克斯公司的"挑战者"2坦克等西方各国先进的主战坦克都登台亮相。后来，美国又拿出M1A2，德国又拿出了"豹"2改进型。参加竞争的厂商各抒己见，都说自己生产的坦克最棒，有的厂商还提出了相当优惠的条件，一时间搞得沸沸扬扬。1991年6月，英国国防部终于宣布，选定"挑战者"2主战坦克为英国的未来坦克。至此，牵动4国4方、历时4年的"坦克采购大战"，终于画上了一个句号。显然，贸易保护主义在这里起了至关重要的作用。

第二次是海湾战争的挑战。海湾战争中，有177辆"挑战者"坦克投入了战斗。英军的第7装甲旅和第4装甲旅担任伊科边境西线钳制作战任务，出色地完成了任务。经过实战的考验，证明"挑战者"坦克的可靠性相当高，这使它又一次赢得了声誉。

第三次挑战也是一次"商战"。海湾战争之后，各国的军火商纷纷看好中东地区这个大市场，都想在已经开始萎缩的国际军火市场上，占领一席之地，英国也不甘落后。不过，这一次"商战"的结果，英国一方只获得有限的订单。阿曼订购了18辆"挑战者"2坦克，也有可能再订购18辆。和M1A2、"豹"2、"勒克莱尔"坦克相比，英国的订单，只能算是个"零头"。不管怎么说，总比一份订单没有要强。无疑，在未来的岁月里，"挑战者"2坦克还要经历一次又一次的挑战。

【点评】"挑战者"坦克虽经多次改进，其火控系统和机动性都比M1和"豹"2坦克要差一截，面临着严峻的挑战，但仍是当代著名的主战坦克。

AAAV 两栖突击车：未来的轻舟铁马

AAAV 是美国的先进两栖突击车的简称，是为美国的第四军种海军陆战队执行 21 世纪作战任务而专门研制的战车。

AAAV 是一种神奇的车辆，采用了诸多新技术。一是加大发动机的功率，使其有足够的力量克服遇到的各种阻力和障碍。AAAV 战斗全重约 33 吨，而发动机的功率却达到了 2600 马力，比主战坦克高出 70%，致使水上航速目前已经达到 37 公里/小时，最终要达到 46 公里/小时，相当于中等船舶的航速，恰似水中蛟龙。陆上公路最大时速 73 公里，敢于与法国的"豹"2 坦克媲美，越野速度与 M1A1 主战坦克相当。公路行程为 483 公里，海上行程为 118 公里。二是选用滑行车体，使车体有像船舶一样的流线形状，这种滑行车体在喷水推进器的作用下，将车体推向水面浮行，犹如摩托艇在水面上飞驰。三是可靠的推进系统。陆地上行驶时，AAAV 是地地道道的履带式战车，需要依靠可以克服各种复杂地形及障碍的履带作为推进装置，这种推进装置既要满足陆上高速行驶的要求，又要适应水中行驶时能浮起的要求。水中行驶时 AAAV 就像一条船，需要一套效率较高的喷水推进系统，在车体后部有三个加大了直径的喷水推进器。这两套推进系统车

AAAV 两栖突击车

上的乘员使用随车工具就能非常方便、顺利地完成相互转换。四是车体结构可变，当该车在陆上行驶时，可收回水中行驶时滑行车体的首平舵，喷水推进器上转90°，竖在车体后装甲板的外侧。水上行驶时，喷水推进器向车尾方向转90°，呈水平状放在车尾，首平舵伸出，其履带和悬挂装置收起，当该车在海岸浪区和河边上使用时，首平舵收回，履带和悬挂装置扩展到原来位置，这时的 AAAV 宛如一只小船，以大大低于46公里/小时的航速在水上低速航行。

车上装有1门25毫米机关炮，需要时可以改装成30毫米机关炮，并配有可昼夜瞄准的火控系统，可行进间射击。AAAV 采用了复合材料制造车体，降低了车体的信号特征，可防地雷。车内有三防系统，车上装有烟幕施放装置。该车可谓海中的"不倒翁"。抗风浪能力极强，如被海浪掀翻，可横向完成360°的滚翻，恢复原始状态。因此，该车除具有极强的机动能力外，还具有较强的火力和生存能力。

【点评】AAAV 两栖突击车现已批量生产和装备部队，这种轻舟铁马两相宜的先进两栖突击车，将使美海军陆战队的作战战术发生大的变化，其神奇的性能将为指挥员施展才华创造条件，可出其不意地打击敌人，取得上佳战果。

CV-90战车：瑞典雪地的"变色龙"

CV-90步兵战车是20世纪90年代瑞典陆军著名战车。那么，它和变色龙又有什么联系呢？

变色龙，学名"避役"，是一种蜥蜴类小爬虫。别看这家伙"其貌不扬"，却是捕捉昆虫和小鸟的高手。这种小爬虫体长约25厘米，能够随周围环境而改变皮肤的颜色，以隐蔽自己，捕获猎物。它静伏在树上，一旦猎物动，其"命中率"之高，几乎是"百发百中"。

CV-90是一个车族，CV-90步兵战车是其中的基型车，它还有

CV - 90 步兵战车

6 种变型车。其中最主要的就是"变色龙"自行高炮。严格地讲，CV-90 系列的自行高炮的型号为 LvKvA2，炮塔的名称才叫"变色龙"。但这种自行高炮和基型车的区别全在炮塔上。所以，有人直接称它为"变色龙"自行高炮。起这个怪名字，大概也是顾名思义，但愿这种自行高炮也能像变色龙那样能"百发百中"。

"变色龙"自行高炮已经制成样车，于 1996 年交部队服役。这种自行高炮装的也是 40 毫米机关炮；但最大仰角提高到 +50°，以对空射击。最大射程可达 4000 米，最多可携带 300 发炮弹。各种弹配上近炸引信，炮弹飞行到离目标一定距离时便爆炸，产生一大片破片，将飞机或直升机击落。

"变色龙"自行高炮的雷达为"大鹰"式脉冲多普勒雷达。雷达的探测距离为 14 公里。即使是悬停不动的直升机也别想逃脱它的"眼睛"。这种自行高炮上装有敌我识别系统，不仅可以分清敌我，还可以分出是飞机还是直升机；它还能对 6 个以下的目标"排队"，确定优先攻击顺序。根据试验，击落一架飞机或直升机需连射 5～6 发炮弹，这一命中率已经是相当高的了。

CV-90 系列的变型车还有：装甲输送车、装甲指挥车、装甲观察车、装甲抢救车、自行迫击炮等。其中有的已制成样车，原计划在 2000 年前要装备 600～700 辆 CV-90 系列战车。不过，随着国际形势巨变，原计划要装备的数量已大打折扣了。

CV－90步兵战车装一台404千瓦柴油机，变速箱为全自动的，有4个前进挡和2个倒挡。行动部分采用扭杆式悬挂装置，每侧有7个负重轮，第1、2、6、7负重轮处装有旋转式减振器。CV－90步兵战车上装有浮被装置。水上行驶之前，把随车带的10个大浮囊充上气，便可以提高车辆的浮力，顺利克服水障碍。但这种方法不适于要求经常两栖使用的车辆。

【点评】说CV－90像一只"雪地飞狐"，也许很恰当。因为此车的推进系统很有特色，它的单位压力比现装备的步兵战车都低。这一点使它在雪地和沼泽地里"体轻如燕"，如履平地。而CV－90步兵战车的最大速度高达80公里/小时，在现代步兵战车中名列前茅。再加上它的发动机和履带的噪声极小，在雪地里疾驶更显得轻盈快捷。

LAV－25战车：美海军陆战队的一把利剑

LAV－25步兵战车是国际合作的产物，底盘是瑞士莫格瓦公司的"锯脂理"8×8装甲车底盘；炮塔是美国德尔科公司制造的双人炮塔，

LAV－25步兵战车

而生产厂商又是加拿大的通用汽车公司。该车于 1983 年 10 月开始装备美海军陆战队，成为美海军陆战队的一把利剑。

LAV-25 轮式装甲车车体和炮塔采用装甲钢焊接结构，正面能防御 7.62 毫米穿甲弹，其他部位能防 7.62 毫米杀伤弹和炮弹破片。驾驶员位于车体前部左侧，动力装置位于驾驶员的右侧，双人炮塔在车体中部，载员舱在车体的中、后部，6 名载员分两排背靠背乘坐，可利用车体两侧共计 6 个射击孔向车外射击。

该车越野和道路机动能力强。其动力装置为 1 台涡轮增压柴油机，最大功率为 275 马力，致使公路最大时速达到 100 公里。即使在沙漠地上，其速度也可以达到 31.4 公里/小时。能爬 35°的坡，攀越 0.5 米的垂直墙，飞越 2.06 米的壕。该车的传动装置为带液力变矩器的自动变速箱，转向用方向盘，操纵非常灵便，只要会开汽车，稍加训练，便可以驾驭 LAV-25 这个铁骑。轮胎为低压防弹型，含有中央充气调压系统，即使一个轮胎被打破了，仍可继续行驶几百公里。该车可不做任何准备就能渡过宽阔的水域，此时车首的防浪板竖起，利用车体后部的两台水上推进器前进，水上浮渡时速为 10.46 公里。此外，LAV-25 具有较强的战略机动能力，可以用 C-130、C-141、C-5 运输机空运，也可用 CH-53 直升机空运，14 架 C-5A 运输机就可把一个 LAV 装甲营运送到世界各地。

LAV-25 轮式装甲车具有较强的火力。其主要武器为 1 门 25 毫米"大毒蛇"机关炮，射速高、杀伤力强，既杀伤步兵，也能对付轻型装甲车辆。该火炮配有双向稳定装置和微光瞄准镜，便于越野时行进间射击和夜间作战。辅助武器为 1 挺 7.62 毫米的并列机枪，弹药基数 1600 发；另一挺机枪为 12.7 毫米高射机枪。

具有较好的战场生存能力。虽说该车的装甲较薄，但是该车具有很高的车速，车身隐蔽性好，因而不易被击中。该车为满足战时需要，可以选装三防装置。发动机噪声非常小，炮塔两侧各配有一组 4 具的烟幕弹发射器。

维修保养简便，具有更高的可靠性。参加海湾战争的210多辆LAV-25装甲车，在机动性方面极其可靠，战场的可用率达88%～98.5%，地面作战中的可用率高达94%以上。

【点评】在海湾战争中，美国海军陆战队出色的"表演"，令世人注目。它在地面战争中为"声东击西"战术的成功立下了汗马功劳。其中，海军陆战队的轻型装甲战车LAV-25，战功卓著，遂以驰骋荒漠的铁甲轻骑载入史册。

M1A1 坦克：被誉为"沙漠雄狮"

提起M1A1主战坦克，人们总联想起首次投入实战的M1A1在海湾战争中的非凡不俗的表现。1991年2月24日，美国铁军王牌第7装甲兵团，在反坦克武装直升机、空中强击机的支援下，力克伊拉克精锐的共和国卫队，一举击毁伊军坦克1350辆、装甲输送车1224辆。而第7装甲兵团仅损失M1A1坦克9辆，取得了辉煌的战绩。在陆战中，M1A1主战坦克表现出了高超的战斗力和生存力。这与美军以乘员的生命安全和环境舒适为优先顺序的设计思想是分不开的。

M1A1 坦克

特点之一是防护能力强，除具有先进的复合装甲外，还采取了隔舱化结构、防爆板装置、自动灭火抑爆装置等多种有效的防护措施，使 M1A1 主战坦克在海湾战争中的毁伤率降至最低程度。

特点之二是使用大口径滑膛炮和新型穿甲弹，射程远，穿甲能力强，火控系统性能优良，火炮首发命中率高达 95%。即使在行进中也能达到 90% 的首发命中率。M1A1 主战坦克采用的是由德国设计的大口径 120 毫米滑膛炮，火控系统包括激光测距仪，计算机战场管理系统，可随时处理风力、温度、弹药类型、车辆运动和探测传感器的各种信息。装备的热像仪使得 M1A1 坦克车长和炮手可在昼夜、烟、雾情况下看到 T-72 坦克，而 T-72 却没有这一优点。先进的光电火控系统和强大的炮弹威力，M1A1 坦克装有指挥仪式火控系统，有性能优良的观察瞄准仪器，可以在行进间首发命中 3000 米处的运动目标。据美军士兵报告说，M1A1 坦克都是在 2000~3500 米的距离上攻击 T-72 坦克的，"只要瞄准，就能给 T-72 坦克以致命的打击"。而 T-72 坦克的有效射程仅为 2100 米。T-72 坦克虽然轻 20 吨，125 毫米巨炮也比 M1A1 的 120 毫米大，但精度较差。远程交战，是 M1A1 坦克制胜的又一个重要的原因。

特点之三是采用大功率燃气轮发动机和先进的传动、行动操纵装置，使坦克具有很高的战术机动性和战场灵活性。"沙漠风暴"中的美国士兵们对 M1A1 的 1100 千瓦的燃气轮机的性能大加赞扬，称之为"极好的发动机"，具有高达 66.8 公里/小时良好的越野速度和加速度。在 100 小时的地面战争中，第 7 装甲兵团第 3 装甲师的 300 辆坦克快速推进 270 公里，无一出现故障，其战备完好率仍达 97%。

特点之四，"三防"措施周密有力，能够在核、生、化恶劣环境下长时间地作战。在 M1A1 主战坦克上安装上一个使炮塔内部增压的系统可阻止污染了的核、生、化剂空气漏进炮塔中。当使用这一系统工作时，乘员就穿上冷气背心，在使人窒息的沙漠高温下，无疑是一种天赐的恩惠。

【点评】M1A1 是美军装备的新型主战坦克，在 M1 基础上改进而成，是美军装甲机械化部队主要的地面突击兵器。1991 年的海湾战争中，该坦克首次投入使用，发挥了巨大的作用，显示出超强风采，被誉为"沙漠雄狮"。

M1A2 坦克：性能优良的现代化主战坦克

M1A2 坦克具有以下特点：

M1A2 坦克具有更强的生存能力。车体和炮塔正面，车体和炮塔周围采用由铝增强塑料、网状贫铀合金构成的高强度复合装甲。高效能的自动灭火系统可在 2 毫秒内发现火情，并在 100 毫秒内将火熄灭。

具有更大的威力。120 毫米滑膛炮配用最新一代的强化贫铀尾翼稳定脱壳穿甲弹，弹药基数 40 发，攻击能力比 M1A1 坦克提高 54%。M1A2 坦克使用 M829A2 型贫铀穿甲弹，2000 米距离上的穿甲厚度为 700 毫米；如使用正在研制的 XM946 型贫铀穿甲弹，2000 米距离上穿甲厚度可达 880～900 毫米。

具有更先进的火控系统。除数字计算机和二氧化碳激光测距机外，装有周视独立稳定的车长热像仪瞄准镜，具有猎潜式瞄准镜的目标捕捉能力。

M1A2 坦克

有稳像式热像仪瞄准镜。M1A2坦克没经过实战应用，但1992年8月，应沙特阿拉伯、科威特和阿联酋要求，美军派出两辆M1A2坦克到中东试验。在科威特，对于2000米以内目标是发发命中，对3810米距离上的T－55坦克是二发一中；在"猎杀"性能演示中，M1A2坦克仅花32秒钟就击中全部4个目标，据科方最后统计结果，M1A2坦克在1000～3000米距离上进行了94次射击，命中83个目标，命中率高达88%，明显优于同时试验表演的英国"挑战者"2型坦克。

安装了车辆电子系统。其核心是一台军民两用的摩托罗拉68020微处理机，靠1553军用标准数据总线将该机与车辆定位/导航系统、无线电通信接口、车长显示仪、单信道地空联络系统、车长热像仪、炮塔电子设备系统、车体电子设备系统、火盔瞄准系统等8个系统相连，大大提高了坦克的指挥控制能力和在生疏地形上的机动能力。为了与车外联络，车内还安装有专用的车际信息交换系统。

此外，车内还安装有自动化车内检测系统。可以说，M1A2坦克现装备的数字化信息系统是当今世界上最先进的，利于M1A2坦克在21世纪打赢信息战。机动性更好，可靠性更高。该坦克配备了控制和监视发动机性能的数字式电子控制装置，改善了燃油的经济性，耗油量降低了18%。可靠性也有很大提高，一般行驶6400公里后才需要送到基地去修理，行驶3400公里以后才需要更换履带。

惯性定位/导航系统的使用，使M1A2坦克可在极端恶劣的环境和自然条件下快速、准确、可靠地确定坦克所在位置。有了这个系统，即使在浩瀚的沙漠地区也不会迷失方向，从而有利于提高坦克的机动性。1992年8月的阿联酋沙漠试验中，M1A2坦克的定位导航系统表现不俗，在一次35公里长的行驶试验中，设置的路线地形非常复杂，有平坦的沙地和大小不等的沙丘，还有6个观察点，当坦克通过时，这6个点就作为导航信息在综合显示器上显示出来。借助定位导航系统的出色性能，美阿组成的混合成员组正好在恰当的时间准确地通过了全部 6 个观察点，中途没有出现任何差错。在沙特阿拉伯，沙特乘员组就利用车辆定位导航系统驾驶 M1A2 坦克完成了由 15 个点组成的 148 公里长的复杂导航行驶试验。试验证明，M1A2 坦克机动性更好，可靠性更高，符合未来激烈复杂的地面作战要求，是世界上最出色的坦克。

【点评】M1A2 坦克是 M1 系列主战坦克的最新式改进型，是一种性能优良的现代化主战坦克，可以充分满足 21 世纪初数字化战场的作战需要。

M60 坦克：西方国家装备最多的坦克

目前，世界各国装备的 M60 坦克总数达 15000 辆以上，除装备美军外，还出口到奥地利、巴林、埃及、埃塞俄比亚、伊朗、伊拉克、以色列、意大利、约旦、阿曼、韩国、沙特阿拉伯、新加坡、西班牙、苏丹、突尼斯、也门等近 20 个国家。装备国家之多仅次于苏联的 T-54/T-55 坦克和美国的 M48 中型坦克。

M60 系列主战坦克有着光荣的历史。提起 M60 主战坦克，人们就

M60 坦克

会想起第四次中东战争以色列的"王牌"190装甲旅，在战争的北部战线上，出现了美制的 M60 坦克与苏联的 T－62 坦克首次交锋的场面。以军利用 M60 良好的性能和在 1500 米射程上精度高于对手的优势，有力地进行远距离射击。他们巧妙地利用地形，采取灵活机动的战术，结果不到 24 小时，就击毁叙军 400 辆 T－62 坦克，而以军仅损失了 40 辆 M60 坦克。这里固然有以军指挥正确、战术得当等因素，与 M60 坦克良好的战术技术性能也是分不开的。

改进后优良的性能。骄人的战绩已经成为历史，作为 1960 年装备美军的 M60 坦克，时至今日已是"廉颇老矣"。然而，美陆军此种坦克装备数量非常大，一时难以用新式坦克取代。为了使 M60 坦克能够适应后天战争的需要，美军对 M60 坦克实施了"回春手术"，主要对被称之为坦克中枢神经的火控系统进行了改进，使该坦克转变成 M60A3 型，能够满足现代战争的需要，成为美国陆军主战坦克之一。

M60A3 主战坦克有 1 门 105 毫米的线膛炮，为防止受热变形，其炮管上安装有热护套；配用的炮弹有脱壳穿甲弹、破甲弹、碎甲弹三兄弟和黄磷发烟弹，弹药基数 63 发。辅助武器为 1 挺 7.62 毫米的并列机枪和 1 挺 12.7 毫米高射机枪。火控系统包括红宝石激光测距机、M21 型全固态电子模拟与数字混合式弹道计算机、双向稳定器、热成像瞄准具和各种传感器等。正是由于安装了现代先进火控系统，该坦克的射击性能大大提高，坦克炮在 2000 米距离上对静止目标的首发命中率由 M60A1 的 30% 提高到 90%，热成像瞄准具使坦克能在更大距离上识别和瞄准目标，并能穿透烟幕和地面伪装，具有昼夜全天候作战能力。

M60A3 坦克的"心脏"是 750 马力的风冷柴油机，由于动力较小，因而公路上最大时速为 48.3 公里，公路上最大行程为 480 公里。该坦克在没有准备的情况下可以涉水 1.22 米，有准备的情况下可涉水 2.40 米，潜水 4.1 米。爬坡度为 31°，能越过 2.59 米的壕，攀越 0.914 米的垂直墙。

该坦克采用均质装甲防护，坦克炮塔及车体正面可以安装反应式装甲。车上有"个体式"三防装置、灭火抑爆装置和热烟幕施放装置，炮塔两侧装有烟幕弹发射器，因而 M60A3 主战坦克具有较强的防护能力。M60A3 主战坦克参加过入侵巴拿马的战争和海湾战争。

【点评】M60 系列主战坦克是美国陆军 20 世纪 60 年代以来的主要制式装备，至今仍是美国陆军和海军陆战队中装备的主力，其装备数量超过 1 万辆，比 M1 系列主战坦克还要多。同时它也是西方现装备数量最多的主战坦克。

M113 装甲输送车：头戴三项"桂冠"

M113 是美国陆军真正大量装备部队的履带式装甲输送车，主要用于战场上输送步兵，也可用车上武器和车载步兵的武器进行战斗。M113 装甲输送车出世至今，夺得了三项冠军，它已生产了 78500 辆，是世界上生产总数最多的装甲输送车；它至今仍在意大利、德国、加拿大、巴西、索马里、澳大利亚、伊朗、韩国和中国台湾等 50 多个国家和地区服现役，是装备国家最多的装甲输送车；各种变型车至今已

M113 装甲输送车

达 50 多种，是变型车最多的装甲输送车。三项桂冠加身，使得 M113 成为著名的装甲战斗车辆。目前，美军仍装备 M113 系列装甲输送车 13000 多辆。

M113 的车体呈箱形，为铝合金全焊接结构，车体装甲厚度为 12~44 毫米。车首倾斜装甲板上装有一块防浪板，车体两侧的装甲板是垂直的。驾驶员位于车体左前部，动力舱位于驾驶员右侧。车长位于车体中央，其上部有 1 个指挥塔。车体的后部是载员舱，舱内两侧各有 5 名步兵面对面而坐。车体后装甲板可作为载员上、下车用的跳板，需要时由液压操纵装置控制，可以整块向下打开，此装甲板上还用 1 个小门，供载员在后装甲板关闭时使用。该车可以空运和空投。

M113 为葆"青春"曾进行过三次改进。M113A1 是第一次改进后的车型，1964 年定型生产。M113A2 是第二次改进后的车型，1979 年定型生产。M113A3 是第三次改进后的车型，1987 年定型投入生产。M113 的变型车主要有"陶"式反坦克导弹发射车、107 毫米和 81 毫米自行迫击炮、通信指挥车、运输车、自行高炮和抢救车等，使 M113 装甲输送车成为一个庞大的车族。

该车配有涡轮增压柴油发动机、钮杆悬挂装置、液压减振器和挂胶履带等。车底加装防地雷装甲，安装了三防探测仪，自动灭火系统和自动报警器等。

M113A 输送车主要特点是：安装了叉形方向盘、自动变速杆以及制动踏板，简化了驾驶员的操作；采用 E–玻璃纤维复合材料层压板制成的车体，可降噪、降低生热；安装了附加装甲，提高了车辆防护能力；采用了先进的传动装置，提高了动力传动效率，节省了功率和燃料，可靠性、机动性和战斗性能大有提高；可水陆两用，水上行驶用履带划水，水上转向与陆上相似。

M113A3 装甲输送车越壕宽为 1.68 米，爬坡度为 30°，可攀越 0.61 米的垂直墙。该车主要考虑的是车辆的战略战术机动性和一定的防御能力，不强调火力，因而只有 1 挺 12.7 毫米的机枪，主要用于自卫，火力较弱。机枪由车长操纵，方向射界 360°，高低射界有效射程 1800 米，射速 450～500 发/分。该车是 M113 车族中唯一参加过海湾战争的车辆。海湾战争中，美军共有 760 辆 M113A3 投入作战。

【点评】M113 装甲输送车头戴三项"桂冠"：它是世界上生产总数最多的装甲输送车；它至今仍在 50 多个国家和地区服现役，是装备国家最多的装甲输送车；各种变型车至今已达 50 多种，是变型车最多的装甲输送车。三项桂冠加身，使得 M113 成为著名的装甲战斗车辆。

OF40 坦克：发展中国家的宠儿

OF40 主战坦克是意大利奥托·梅拉拉公司和菲亚特公司为出口市场研制的。研制工作从 1977 年开始，奥托·梅拉拉公司负责总体设计和总装，菲亚特公司负责发动机与传动装置的生产。坦克型号的含义是，O、F 代表两家公司的第一个字母，40 表示该坦克的战斗全重约 40 吨。

阿拉伯联合酋长国订购了 18 辆 OF40MK1 型坦克，第一辆坦克于 1981 年交货。1984～1985 年奥托·梅拉拉公司又向阿拉伯联合酋长国

OF40 坦克

交付了 18 辆 OF40MK2 型坦克和 3 辆装甲抢救车。早先交付的 18 辆 OF40MK1 型坦克经过改进达到了 MK2 型标准。OF40 坦克还在泰国做过试验，在埃及做过表演，并允许西班牙和希腊在本国生产。

该坦克的车体用焊接方法制成，分为 3 个舱，驾驶舱在车体前右部，战斗舱在车体中部，动力舱位于车体后部。炮塔系焊接而成，安装在车体中部上方，车长和炮长在炮塔右侧，装填手在左侧。该坦克的主要武器是 1 门由奥托·梅拉拉公司设计和制造的 105 毫米线膛坦克炮，炮管上装有抽气装置和热护套，可发射北约组织的所有制式 105 毫米弹药，包括脱壳穿甲弹、榴霰弹、破甲弹、碎甲弹、烟幕弹和尾翼稳定脱壳穿甲弹，训练有素的乘员可达到每分钟 9 发的射速。作为任选设备，还可为该炮安装双向稳定系统。辅助武器包括并列安装在火炮左边的 1 挺 7.62 毫米机枪和炮塔上安装的 1 挺 7.62 毫米高射机枪。

OF40MK1 型坦克的火控系统是由炮长火控系统、炮长望远式瞄准镜和车长昼夜两用稳定瞄准镜组成。OF40MK2 型坦克采用伽利略公司生产的 OG14L12A 或 OG14L12B 火控系统，前者包括 105 毫米火炮稳定系统以及横风、药温、环境温度和弹种传感器；后者与 OG14L12A 型相似，但有稳定式瞄准镜。

该坦克采用 4 冲程 10 缸预燃室多种燃料机械增压发动机，功率为 610 千瓦（830 马力）。为了适应中东地区的高温多沙气候，该机装有可控制燃料供给量的热带装置和专门供沙漠地区使用的控制温度的径向风扇。冷却系统为水冷式，采用联邦德国 ZF 公司为"豹" 1 式坦克设计的 4HP－250 自动传动装置，发动机扭矩由变矩器传入传动装置。该传动装置有 4 个前进挡和 2 个倒退挡，变速操纵为电液式，第二挡还备有机械操纵装置，以便在电液操纵出现故障时能应急操纵坦克行驶。此外，该坦克装备有三防装置、自动灭火系统、烟幕装置。

该坦克的车体有良好的倾斜角度、有较好的防弹效果，设计炮塔时考虑了跳弹问题。为防止炮塔和车体结合部卡弹，专门设计了弹道偏离装置。为提高车体侧面防护，装有用钢加强的橡胶裙板，有一定的防破甲弹能力和防尘作用。

【点评】意大利研制该坦克主要针对发展中国家，尤其是中东国家的需要。因为这些国家需要新坦克，但又感到像M1、"豹"2和挑战者等先进坦克过于昂贵，于是选择购买这种价廉物美的OF40坦克。该坦克是在"豹"1坦克基础上改进而成。

S坦克：一种无炮塔型主战坦克

该坦克研制始于1957年，主承包商是博福斯公司，子承包商主要是拉茨维克公司（负责悬挂装置）和沃尔沃公司（负责发动机）等。研制时充分考虑了瑞典的河流、湖泊较多、北部地区沼泽遍布、长期严寒、冰雪覆盖和国内重型桥梁极少

S坦克

等地理和气候条件，并考虑了两次大战中各国坦克的使用和中弹情况以及装甲部队的战术使用要求等因素，从而把车高、车重及火力作为主要性能指标，要求车重不超过37吨，决定放弃旋转式炮塔，研制一种采用固定的105毫米火炮、液气悬挂和自动装填的无炮塔型坦克。

首先要解决的主要问题之一是，必须依靠车体转向进行火炮的方位精确瞄准。为此，在1957/1958年冬季把克鲁巴公司为S坦克研制的变速转向机构装在1KV103自行火炮上进行技术试验，1959年又把改进的变速转向机构与火控伺服装置组合成转向瞄准装置，并安装在M4A3谢尔曼中型坦克上进行最后阶段的技术试验。试验证实该装置可能解决固定式火炮坦克的方向射界和瞄准问题。

为解决火炮高低瞄准以及车姿控制等问题，瑞典引进了当时美国为25吨级车辆研制的液气悬挂技术。1958年中，博福斯公司开始新坦克样车设计，1961年底完成2辆样车。车长指挥塔上安装了1挺12.7毫米试射机枪，车体两侧的箱形机枪座里各安装2挺7.62毫米朝前射击的机枪。前置的动力装置原是1台波音公司的502-10MA型燃气轮机（330马力）与1台罗尔斯-罗依斯公司的B81型汽油机（230马力）。

1960年，陆军订购10辆预生产型车，此即后来定型的Strv103型坦克。车右侧的2挺机枪换成了12.7毫米机枪，车体两侧各安装2个单轮缘托带轮，安装了炮管固定装置。汽油机改换成176千瓦（240马力）的K60型二冲程多种燃料发动机。

1965年，对该坦克进一步改进，定型为Strv103A型坦克。其辅助武器为3挺7.62毫米机枪，安装了激光测距仪和车长瞄准镜稳定装置，并把燃气轮机改为波音公司的553型燃气轮机，输出功率是360千瓦（490马力）。该车于1966年开始批量生产，共制造了300辆。但后期生产的该坦克安装了浮渡围帐和2个炮管固定架，在车首安装了可伸展的推土铲，并定型为Strv103B型坦克，随后把早期生产的所有A型车均改进成B型，于1972年装备部队。

Strv103B型坦克是瑞典陆军的制式坦克，装备陆军3个装甲旅并将使用到20世纪90年代。另外，3个装甲旅装备350辆英国制造的装105毫米火炮的逊邱伦坦克。目前，瑞典陆军共装备主战坦克650辆。由于火炮固定安装，因此坦克不具有行进间射击的能力，只能短停射击，而且只有改变坦克方向才能转移火力，难以对付突然出现的侧后方向的目标，这是S坦克的固有缺点。但由于火炮固定，可较容易地实现自动装填，因此火炮射速高，还可减少1名乘员。1967年，与"豹"1坦克的对比试验表明，该坦克射击平均需要13秒，命中率为70%，而"豹"1坦克需要23秒，命中率为65%，因此，它的短停射击效果还是比较好的。

为保持 S 坦克的战斗力，20 世纪 80 年代初，瑞典陆军决定对现装备的 Strv103B 型坦克进行现代化改进，定型名称为 Strv103C 型坦克。

【点评】瑞典 S 主战坦克是 Strv103 系列坦克的简称，是瑞典陆军兵器局在 20 世纪 50 年代打破传统设计的一种无炮塔型主战坦克，固定式安装的火炮依靠车体的旋转和俯仰进行瞄准和射击。

T-54/T-55 坦克：吸引多国目光

T-54 坦克是从 T-44 坦克演变过来的，第一辆样车于 1946 年制成，1947 年在哈尔科夫坦克厂投产。苏联、捷克斯洛伐克以及波兰共生产 T-54/T-55 坦克 50000 辆左右，约占全世界两次世界大战后坦克总产量的 1/3。直到 1981 年，苏联鄂木斯克坦克厂仍在生产 T-55 坦克。

T-54 坦克

T-54/T-55 中型坦克有着辉煌的历史，参加过 1967 年和 1973 年中东战争以及安哥拉内战、越南战场和印巴冲突。这种坦克的主要特点是：总体结构较好。车体为焊接结构，驾驶舱在车体前部左边，战斗舱在车体中部，发动机和传动装置在车体尾部，驾驶员有 1 个向上抬起并向左旋转开启的舱盖。车首装有与前上装甲垂直的防浪板，驾驶员右边的车体前部空间为弹药架、电瓶及燃料箱。驾驶员后面的车体底甲板上开有向车内开启的安全门。炮塔为铸造结构，顶装甲是用 2 块 D 形钢板对焊在一起再焊制炮塔顶部的，炮塔位于车体中部。车长在炮塔内左边，炮长在车长前下方，装填手在炮塔内右边。车长有 1 个可以 360°回转的指挥塔，其上有 1 个向前开启的单扇舱盖。装填手有 1 个向后开启的单扇舱盖。

这种坦克的主要优点是：

较强的火力系统。T－54 坦克的主要武器是 1 门 Д－1OT 式 100 毫米线膛坦克炮，其改进型用于 CY－100 自行火炮。该炮可以发射穿甲弹、被帽穿甲弹、榴弹、预制破片榴弹、尾翼稳定破甲弹和曳光高速脱壳穿甲弹等。由于该炮的稳定系统具有双向稳定功能，所以，增强了克服车体运动对火炮射击准确性的影响，从而提高了行进间短停射击的命中率。该坦克还安装有夜视设备，包括：（1）安装在车体前上装甲板右边的 ФГ－100 红外前灯和 ТВН－2 红外观察潜望镜，可为驾驶员提供夜间观察能力；（2）安装在车长指挥塔前的 OУ－3 红外探照灯和 ТКН－1 车长红外潜望镜，可为车长提供夜间观察能力；（3）安装在主要武器右边的 л－2 红外探照灯和 ТПK－1－22－11 炮长夜视瞄准镜，可为炮长提供夜间观察能力，这样就提高了坦克的夜间作战能力。

良好的机动能力。该坦克装有 1 台柴油发动机，标定功率为 382 千瓦。由于 T－55 坦克装有 1 个 AK－150 型空气压缩机，可以提供比较恒定的压力，故其发动机以压缩空气启动为主要启动方式，将电动机驱动作为辅助启动方式。为了增大坦克行程，除了在车内设前组和中组燃油箱外，还在车体外面设有外组燃油箱。坦克还采用了潜渡设备，潜渡设备有两种潜渡筒，一种是实战使用的小直径潜渡筒，另一种是训练使用的大直径潜渡筒。坦克潜渡江河时通常挂 1 挡行驶，并借助车上的航向仪导航。

有效的防护能力。铸造炮塔有比较理想的防弹外形；车体低矮、装甲板有良好的倾角，是该坦克提高生存力的主要措施。此外，该坦克装有热烟幕施放装置，施放时在行进中的车后形成一条白色烟雾，可持续 2 分钟，从而借机逃生。

【点评】由于该坦克具有良好的武器和装甲，使用和维修比较简便、潜渡设备安装方便和具有夜战能力，加上物美价廉，所以，在20世纪90年代以前许多落后的国家都把目光投向了T－54/T－55中型坦克，并出现众多的改进型。

T－64坦克：无须装填手

在苏联"T氏"坦克家族中，属于第三代的坦克是T－64、T－72、T－80和T－90四兄弟。T－64主战坦克是四兄弟中的"大哥大"，也是一种最有争议的坦克。苏联生产T－64系列坦克约8000辆，于1970年

T－64坦克

装备部队，只是局限于苏军使用，尚未提供任何国家，这引起了人们的许多猜测。在生产T－64坦克的同时，苏联却又生产了性能相似的T－72主战坦克，并大量装备部队，而且还跨洋过海，在国外安家落户。这引起了人们的众说纷纭，普遍认为T－64主战坦克不可靠。其实不然，T－64坦克是一种技术先进的铁骑，性能与T－72坦克相似。然而它的成本太高，工艺太复杂，实在难以大批量生产，因而不得不在1981年停产。

T－64型坦克车体用装甲钢板焊制而成。车内分为驾驶舱、战斗舱和动力舱三部分。车体前上装甲板中央位置有V形凸起，可起防浪板作用。前下装甲板外装有推土铲。车体两侧装有外张式侧裙板。炮塔为铸钢件，装在车体中部上方，中弹率高的正面面积窄小，炮塔呈卵形，高度比以前炮塔都矮。炮塔内有2名乘员，车长在右边，炮长在左边，因采用自动装弹机装填炮弹，故无须装填手。

坦克装有 1 门 125 毫米滑膛坦克炮，炮管比较长，炮塔中央装有圆筒形抽气装置，炮塔外部装有 4 段轻金属防护套。火炮通常发射 3 种不同类型的炮弹：尾翼稳定脱壳穿甲弹、尾翼稳定榴弹、空心装药破甲弹。改进后的 T－64ъ 型坦克的 125 毫米火炮除发射普通炮弹外，还可以发射反坦克导弹。其火控系统包括合像式光学单目测距仪、红宝石激光测距仪、模拟式弹道计算机、Тпд－2 炮长瞄准潜望镜、ТпН－1－49－23 炮长夜间瞄准望远镜、车长昼夜合一观察潜望镜、ТКН－3 观察镜及红外探照灯、火炮/炮塔控制放大器、手动/机动火炮俯仰驱动机构、炮耳轴倾斜传感器、瞄准点注入装置以及射击控制面板等。该坦克的自动装弹机与 T－72 坦克的不同，弹丸和药筒一起放在培训弹槽中，再一起装进炮膛。这种装填机构较 T－72 复杂，容易出现故障和损坏。后来改为分装式弹药，弹丸与装药分别放在上下两层圆盘上，但弹丸仍垂直放置。

该坦克使用的是 2 冲程卧式 5 缸对置活塞水冷涡轮增压柴油发动机。该发动机输出功率为 551 千瓦（750 马力）。从理论上讲，2 冲程发动机具有体积小、重量轻和输出功率大等特点，然而它的油耗高、热效率低、容易过热、气缸活塞容易变形、故障率高。

在防护系统方面，车体前部采用了复合装甲结构，炮塔是整体铸造加顶部焊接结构，主炮两侧的间隙装甲中填有填料，顶装甲板厚度约为 40～80 毫米不等，炮塔侧面装甲厚 120 毫米，后部装甲厚 90 毫米。此外，该坦克装有激光报警装置、探测 10 千米范围内直升机的探测装置、烟幕弹施放装置，T－64ъ 坦克因为安装了反应式装甲，烟幕弹发射器的安装位置不在炮塔前部两侧，而是装在炮塔左边，在炮塔后部还携有潜渡筒。

【点评】T－64 坦克是一种技术先进的铁骑，性能与 T－72 坦克相似。由于它的成本太高，工艺太复杂，实在难以大批量生产，因而不得不在 1981 年停产。

T-72 坦克：钢铁堡垒中名副其实的"矬战将"

T-72 坦克诞生于 1970 年，1971 年正式批量生产。这种坦克代号为 T-72，是坦克大家族中的"矬子"，因而，坦克手们叫它矮人坦克。

T-72 坦克出世后，多次经受过战火的洗礼，先后参加过苏阿战争、黎巴嫩战争和海湾战争。如果说它在苏阿战争

T-72 坦克

中表现尚好的话，那么参加黎巴嫩战争和海湾战争的 T-72 坦克，真可谓是倒霉透顶。早在黎巴嫩战争中，以军用美制 203 毫米榴弹炮发射"灵巧破甲弹"，给叙利亚的苏制 T-72 坦克以致命打击。在海湾战争中，伊拉克所拥有的 500 辆苏制 T-72 坦克惨遭溃败，许多 T-72 坦克是断臂残骸，炮仰塔翻，瘫作一团。造成"矬战将"惨败的原因虽有人的因素，但也不排除其本身的因素。这种 T-72 坦克除正面装甲外，其余部位没有良好的防护，尽管有的安装了附加装甲和爆炸反应式装甲，但被称为新"盾牌"的爆炸反应式装甲的最佳防护效果是对化学能破甲弹，面对西方的现代穿甲弹却力不从心。一旦被击中，T-72 坦克很容易产生二次效应，也就出现了炮塔炸飞车毁人亡的现象。此外，T-72 坦克没有热成像仪，夜视能力差。

尽管这样，由于此坦克工艺相对简单，成本较低，性能可靠，所以，除苏军大量装备外，波兰、捷克斯洛伐克及罗马尼亚等华约国部队、叙利亚、利比亚、伊拉克、埃塞俄比亚、阿尔及利亚和印度等国也大量购买。

火力猛、威力大是其突出特点。T-72 坦克有一门 125 毫米的滑

膛巨炮，其管身长是口径的 48 倍。它发射的初速为 1800 米/秒的穿甲弹可在 2000 米距离上将 240 毫米厚的钢板垂直穿透。而呼啸出膛的破甲弹竟可以将 500 毫米厚的钢板击穿。自动装弹机的采用，提高了火炮的发射速度，一分钟之内可使 8 发炮弹出膛射向目标。T－72 坦克火炮的"大脑"是由红外瞄准镜、激光测距机、机电模拟式弹道计算机、双向稳定器和微光夜视仪等组成的，这种相对简单的火控系统，使得这位"矮将军"行进间对距离 1500 米、时速 10 公里的运动坦克可达到 75% 的命中率。

"夹心饼"式复合装甲的运用是 T－72 坦克的又一个特点。钢＋非金属材料＋钢"夹心饼"式的复合，使前装甲总厚度达到 204 毫米，而炮塔前部总厚度达到了 250～350 毫米，正面防护力大大提高。车体两侧的防护裙板，保护着"矬战将"的铁脚板，使其减少被火器击中的机会，同时又使侧面装甲防护得到加强。炮塔前面的 12 具烟幕弹发射器、车内的三防装置、自动灭火装置等，提高了 T－72 坦克的综合防护能力。

T－72 坦克的"心脏"是一个功率为 780 马力的发动机，使得这位"矬战将"犹如一名障碍赛运动员，既有速度，又能克服多种障碍。它最大时速达 60 公里，可以爬 31°的坡，越过 2.70 米宽的壕，攀0.8 米高的垂直墙。

目前，T－72 坦克共有 7 种型号。最新的一种型号为 T－72M2，主要加厚了复合装甲，安装了反作用装甲块，加装了热成像瞄准镜，可发射反坦克导弹。

【点评】T－72 主战坦克的身高只有 2.19 米，在世界众多的现代炮塔式主战坦克中最矮的，成为钢铁堡垒中名副其实的"矬战将"。

T-80坦克：俄罗斯"坦克舰队"中的"旗舰"

T-80是苏联军队大量装备的新型第三代主战坦克，1978年前后开始大批量生产，1984年装备部队。相比T-64和T-72坦克，在以下几个方面有所改进：一是在武器系统上，虽仍采用125毫米滑膛炮，但火力增强。发射穿甲弹，在2000米距离上，可使400毫米厚的钢板被垂直击穿；发射破甲弹时，对钢板的侵彻力提高到700毫米。不仅如此，还可发射无线电制导的AT-8"鸣禽"反坦克导弹，不仅可以有效地打击3000米以外的装甲目标，而且还可以对付有"空中多面手"之称的直升机，可谓一炮两用。二是在火控系统上，采用了激光测距机和数字式弹道计算机，火炮稳定器和获取风速、目标角速度以及坦克速度等信息的数据装置。三是在防护系统上，广泛应用多种装甲技术，其"头顶"加装了附加装甲；在炮塔前装甲即"正脸"，采用了钢与强化陶瓷的复合装甲，厚度达到530毫米，车体前上装甲，即"前胸"的装甲采用了四层"夹心式"的复合装甲。同时，T-80安装了激光报警装置。

T-80坦克现在已成系列发展，在1993年阿拉伯联合酋长国举办的国际防务展览会上，俄罗斯展出了其"手术"后的坦克，即T-80Y。

T-80坦克

T－80Y坦克仍然安装了125毫米滑膛炮，可发射多种炮弹，如破甲弹、尾翼稳定脱壳贫铀穿甲弹、反坦克导弹。辅助武器中的12.7毫米高射机枪可由车长在车内操纵遥控射击。火控系统有激光测距机和数字式弹道计算机，导弹控制通道，炮长昼夜两用热成像瞄准具，稳定视场的综合主、被动瞄准具，车长使用的稳定式昼夜瞄准具，首次实现车长超越炮长射击。

T－80Y坦克采用了新型的增强装甲，对动能弹的防护能力得到提高。同时，该坦克外表有特殊的伪装涂层，在可见光和红外波段上隐蔽坦克的真相。考虑到地雷爆炸等对驾驶员的伤害，升高了驾驶员的坐椅。最新型的T－80Y坦克安装有对付反坦克制导武器的红外干扰系统，采用了新的燃气轮发动机，功率达到了1250马力，而且"胃口"好，可使用各种燃料。

T－80坦克是名副其实的世界一流坦克。然而，在车臣的首次战争检验中却出了丑。俄车冲突中，俄罗斯是杀鸡用牛刀，动用了2200辆坦克与装甲车辆，其中包括了大量的T－80。杜达耶夫且战且退的战术，引诱着俄坦克部队进入格罗兹尼城，展开巷战。充当俄罗斯坦克舰队"旗舰"的T－80坦克，简直就是英雄无用武之地，从而导致了俄罗斯在2个多月的战斗中竟损失了约250辆T－80坦克。T－80坦克的首战失利是什么原因呢？除去战术方面的问题，T－80坦克"两肋"装甲较薄，对付不了单兵携带的反坦克火箭筒是其中主要原因；而中弹后的二次效应没能很好解决则是一个致命的弱点。

【点评】作为苏军"坦克舰队"中"旗舰"的T－80主战坦克，是以T－64、T－72坦克为基础发展起来的，其最大的改进就是首次采用了燃气轮机作为发动机，使T－80坦克"心脏"独特，最大时速达到75公里。

T－90坦克：号称当今世界上防护性能最好的坦克之一

　　T－90坦克机动性能好，火力更强，但其最大的特点是创新防护系统。苏联自称，T－90坦克是当今世界上防护最好的坦克之一。这位后起之秀的防护系统包括三道防线，这就是里层的复合/夹层基体

T－90坦克

装甲，中间层的先进综合反应装甲，最外层的防御辅助系统。综合反应装甲是既能对付破甲弹，又能对付动能穿甲弹的第二代反应装甲，如果将这种反应装甲安装到已经退役的T－55坦克上，就会使T－55坦克焕发青春，可使其对动能弹的防护力从现有的200毫米均质钢装甲厚度提高到480毫米。防御辅助系统由安装在炮塔顶部的2～4个激光报警接收机、1～2个红外干扰发射机、可发射特种榴弹的制式榴弹发射器以及1部中央计算机组成。红外干扰发射机可对付红外跟踪式导弹，它能中断射手与红外信标的联络，可引诱导弹迷失方向。激光告警接收机一旦探测到自身坦克被激光束照射时，炮塔会自动调整方向，并发射特种榴弹，3秒之内便会产生能持续大约20秒钟的悬浮烟幕，犹如"墨鱼"一样，致使激光束被遮蔽，从而使导弹的"大脑"无法动作，避免弹丸导向目标。这种被称为"什托拉"的防御辅助系统能有效地对付美国的"陶"式、"龙"式、"海尔法"、"幼畜"导弹和激光制导炮弹等多种反坦克兵器，使坦克被命中概率减少到原来的1/5～1/4以下。T－90主战坦克三道防线防护系统的运用，显示出俄罗斯有能力生产其防护力与美国及其他西方主战坦克的防护性能相当的主战坦克。

　　T－90坦克的主要武器是1门125毫米滑膛炮。除125毫米制式的

炮弹外，T-90坦克的125毫米火炮还可发射采用了贫铀长杆穿甲弹芯的尾翼稳定超速脱壳穿甲弹；尾翼稳定、带有坚硬鼻锥的空心装药破甲弹，它能在穿入反应装甲后至少再侵彻60°倾角的300毫米厚的装甲；三级串联装药的尾翼稳定破甲弹已经研制，其第一级装药用于起爆反应装甲，第二级用于侵彻主装甲，第三级完成对目标的摧毁。该炮也可发射AT-11炮射激光制导的反坦克导弹。辅助武器为7.62毫米的并列机枪和12.7毫米的高射机枪。T-90坦克另一种关键的火力部件是火控系统，包括一具激光测距仪、炮长热瞄具、数字式计算机。T-90坦克安装有俄罗斯第二代反应装甲，既能对付破甲弹，也能对付动能弹。坦克战斗全重46.5吨，采用的柴油发动机功率为840马力，最大公路速度为60公里/小时，它的行程为470公里。

【点评】T-90主战坦克是T氏坦克家庭中的"小老弟"，是后起之秀，也是目前世界上最先进的坦克之一。1993年6月29日，在莫斯科附近的库宾卡城举行的武器装备展览会上，俄罗斯首次公开亮相了技术先进、性能优良的T-90主战坦克。

ЪМΠ 战车：参战次数最多的战车

ЪМΠ步兵战斗车已经发展了三代，即ЪМΠ-1、ЪМΠ-2、ЪМΠ-3。它们的长相各具特征，从总体性能上讲，ЪМΠ步兵战车车姿低矮，战斗全重较轻，结构较简单，火力、机动、防护三大性能较均衡，制造成本较低，这是它能大量制造、广泛出口的最主要原因。

ЪМΠ-1和ЪМΠ-2步

BMΠ 战车

兵战车在火力和防护性上比 M2、"黄鼠狼"等要略逊一筹，但仍算得上是世界上比较优秀的步兵战车。就火控系统来说，ЪМП－1 和 ЪМП－2 的系统精度和夜间作战能力较 M2 步兵战车要差一大截，海湾战争就是很好的例证。至于 ЪМП－3，比起 ЪМП－1 和 ЪМП－2 来，性能上要提高了一大步，就是和世界各国的最新式步兵战车相比，也有它的独到之处。

装有 100 毫米两用炮管。单凭这一条，ЪМП－3 就能夺得两项桂冠：既是装备火炮口径最大的步兵战车，又是最先采用两用炮管的步兵战车。这种 100 毫米线膛炮既能发射杀伤爆破弹，又能发射导弹，还配有自动装弹机。在研制过程中，还要解决降低火炮后坐力、导弹制导、炮塔内总布置等一系列难题，设计上有许多创新。和 100 毫米炮并列的辅助武器有 1 门 30 毫米机关炮和 1 挺 7.62 毫米机枪，还有两挺前机枪。这些辅助武器和 100 毫米炮配合使用，使 ЪМП－3 成为目前世界上火力最强的步兵战车。

采用动力－传动装置后置。世界上绝大多数的履带式步兵战车和装甲输送车都采用动力－传动装置前置的总体布置方案。各国的现代步兵战车是清一色的动力－传动装置前置方案，就连 ЪМП－1 和 ЪМП－2 也不例外。那么，当初苏联人为什么又别出心裁，在 ЪМП－3 上采用动力－传动装置后置的布置方案呢？主要原因是：动力－传动装置前置，可以使载员室有完整的宽敞空间，便于改装成各种变型车，能开较大的后门，载员上下车方便。前置方案也有不少缺点，主要是：发动机和传动装置的温度、振动、噪声和有害气体等对乘员的影响较大；车体前端装甲板上开窗口多，不利于防护和密封；较重的发动机和传动装置在车体前部，往往头重尾轻；动力－传动装置整体拆装困难，前甲板往往要大揭盖。通常在装甲输送车和步兵战车的设计过程中，把载员室的布置放到突出的位置。这样，采用动力－传动装置后置方案就不足为奇了。

【点评】БМП 就是俄文"步兵战车"的缩写。БМП 步兵战斗车是苏军研制装备的世界上最早的履带式步兵战斗车;是世界上最先发展了三代的步兵战斗车;是装备国家最多和装备数量最多的步兵战斗车,有近 30 多个国家装备了各种型号超过 30000 辆的 БМП 步兵战斗车;同时,БМП 步兵战斗车也是参战次数最多的,先后参加了苏阿战争、两伊战争和海湾战争。

"阿连纳":缩小了的"反导弹防御系统"

在实战中,"阿连纳"能够拦截大约 70% 的来袭目标,在某些情况下,特别是在遭遇轻型反坦克武器的时候,它能实现 100% 的拦截。

"阿连纳"防护性能好主要特点有三:

一是作战全自动化。它有 32 个型号的防护弹药,能靠自身的功能自动发现目标,测定目标的系数,确定使用弹药的号数。在目标进入防护弹药杀伤区后,下达发射指令起爆防护弹药击毁目标,以确保坦克安全。与此同时,坦克乘员可集中精力去完成战斗任务。内装诊断仪自动确定故障并将情况报告给操作员。

二是能防护所有可能被攻击的角度和薄弱环节。其防护装备完成任务的准备时间为 0.2 ~ 0.4 秒,捕捉和击毁目标的时间为 0.07 秒,"阿连纳"同坦克炮塔一起转动,覆盖反坦克导弹和反坦克榴弹的所有攻击角度,保护所有薄弱环节,如光学仪器、舱口盖等。

三是智能化。它对爆炸、碎片、子弹、小口径炮弹、离去的目标不作反应,其中包括坦克自身发射的炮弹。只有目标距坦克 50 米以内,防护设备的计算机才作出反应。计算机进行计算,认为对坦克有危险时,才下令直接对准这个目标。进攻坦克的反坦克导弹越现代化,"阿连纳"的效率就越高。这种防护设备使用了瞄准击毁的原则,防护弹药爆炸形成的小股杀伤体只射向目标。同时,所有杀伤体都落在远离坦克的地方。据悉，"阿连纳"式的"TMD"价格便宜，仅为坦克造价的 5%～15%，它的应用备受俄军青睐。

> 【点评】"阿连纳"坦克防护设备由科洛姆纳机械制造设计局独家设计制造。它是缩小了的"反导弹防御系统"，是目前世界上独树一帜的先进防护性坦克装备。它的最大作用是，能在坦克的周围建立击毁进攻目标的火力带，使坦克处于严密的保护之下。

德国"鼬鼠"战车：重量最轻的装甲战车

"鼬鼠"空降战车是联邦德国国防部为装备特遣空降部队而由德国波尔舍公司设计制造的。该车的研制用了约 20 年的时间，1990 年 8 月，首批"鼬鼠"空降战车交付部队使用。

该车战斗全重仅有 2.75 吨，是目前世界上现役装备中重量最轻的装甲战车。"鼬鼠"空降战车为履带式，因安装的武器不同而产生两种车型，即机关炮型和导弹型。机关炮型空降战车乘员 2 人（驾驶员和车长兼炮长）。该车主要武器是 1 门 20 毫米机关炮，安装在单人炮塔上。炮塔上装有机械式方向机和高低机，火炮方向射界为左右各110°，高低射界为 −10°～+45°，弹药基数 400 发。该车主要任务是

"鼬鼠"空降战车

对付轻型装甲目标和软目标。"鼬鼠"导弹型空降战车乘员3人（驾驶员、车长兼射手和装填手）。主要武器是美国休斯航空公司的"陶"式反坦克导弹系统，发射管的方向射界为左右各45°，高低射界为－10°～＋10°，导弹基数7枚，其中2枚为待发弹。导弹射程65～3000米。该车的主要任务是对付重型装甲目标。

"鼬鼠"空降战车是一种动力装置前置式车辆，发动机纵置于车体前部左侧，传动装置横置于发动机前方。发动机是大众汽车公司的5缸4冲程水冷涡轮增压柴油机，最大功率为64千瓦。与发动机配套的ZF公司的3HP－22型传动装置为液力机械式，包括自动变速箱、转向机构和制动器等。该车具有良好的陆上机动性，最大公路行驶速度为75公里/小时，最大行程为300千米，能爬31°的坡道，跨越1.2米宽的壕沟和0.4米高的垂直墙，借助浮渡设备，还可以克服水障碍。

"鼬鼠"1空降战车是在"鼬鼠"的基础上车身稍微加长（"鼬鼠"为3.469米，"鼬鼠"1为3.77米），车重稍有增加（"鼬鼠"1为3.6吨），行动部分增加了1对负重轮。"鼬鼠"1除了仍可装20毫米机关炮和反坦克导弹作为武器平台外，因其战斗室较大，还能搭载3～5名步兵，变型为1辆小型装甲人员输送车，也可变型为侦察车、指挥控制车、迫击炮车和救护车。"鼬鼠"设有三防装置，而"鼬鼠"1空降战车可根据需要装备三防装置。该车的动力传动机组采用了民用汽车技术，包括1台奥迪5缸TD185千瓦发动机和1个ZF4全自动变速箱，通过静液转向机构实现车辆中心转向，最大行驶速度70公里/小时，最大行程550公里。该车可由CH－47D、CH－53直升机或运输机空运，也可由CH－47和CH－53直升机吊运。

【点评】德国"鼬鼠"战车战斗全重仅有2.75吨，是目前世界上现役装备中重量最轻的装甲战车。适合特遣空降部队使用。

龙骑兵 300 轮式装甲车：美国的死敌要大量订购

该车有 70% 左右的零部件与现生产装备的 M113A2 装甲车和 M809（6×6）型 5 吨卡车通用。采用前者的部件有发动机、启动机、交流发电机、冷启动装置、排水泵、潜望镜、车内外照明灯、仪表、开关、电气

龙骑兵 300 轮式装甲车

和液压系统部件等。采用后者的部件有车桥、悬挂装置、制动器、转向机、电气和液压系统部件等。此外还采用了得到广泛使用的民用 5 挡自动变速箱。因此该车成本仅为同类车型的 1/3 左右，维修和保养费用也大为降低。

车体采用全焊接无大梁结构，所用 XAR-30 高硬度钢装甲板，可满足 MIL-A-12560 标准的要求，防小口径普通枪弹和穿甲弹的能力比该标准对均质钢装甲板的要求高 30% 左右。此外，XAR-30 钢板的最低穿透速度也超过了 MIL46100B 标准的规定。

驾驶员位于车前左侧，车长兼副驾驶员位于右侧，前者有 3 个前视观察镜，视界为 180°，后者有 1 个观察镜，两乘员均有外开单扇顶盖和车侧观察镜，车长观察镜下方有射孔。乘员坐椅可上下前后调节，靠背可向前合，以方便乘员出入。车体两侧在前、后轴之间各开 1 侧门，门下部向下打开，可作为乘员出入跳板，而上部则向后旋转 180° 打开，并可闭锁于打开状态，上部门上有 1 个观察镜和射孔。侧门前方有 1 个观察镜和射孔。所有观察镜均装有防护板和护垫，射孔防护盖可从车内快速地用开闭凸轮杆操纵并锁住。

用作装甲人员输送车时，车上除 2 名乘员外，可载 11 名全副武装的士兵。动力舱位于车体右后方，它和乘员舱间的可拆卸隔板起到隔

热和隔声作用。可从车内和车外对动力舱进行快速检修。进气百叶窗装在车顶部，出气百叶窗和排气出口位于车体右侧，其结构可防止如汽油弹等形成的可燃液体的侵入。动力舱后部右侧装有发动机和传动装置的冷却系统，配有液力驱动风扇。

发动机动力经变速箱、传动箱和后驱动轴传到后部差速器，然后再由中间驱动轴传递到车体中央的分离离合器。由此通过前驱动轴再传递到前差速器。该车装有液压助力制动器和独立的电动液压超越制动系统，后者在主液压系统（包括停车制动系统）一旦失灵时实施制动。车上装有动力助力转向机构，在液压系统失灵时可实施手动转向，对越野和高速公路行驶有不同的转向传动比。当轮胎漏气时，车辆还能在水泥路上以56公里/小时速度至少行驶80公里。该车能水陆两用，水中行驶时用车轮划水，浮渡时同样用前轮转向。由车门橡胶封条处渗入车体内的水可用3个独立排水泵排出。

【点评】1976年，美国陆军军事警察提出的车辆能用C-130运输机空运，并适用于护送和空军基地防卫任务的要求，由底特律弗纳公司设计了龙骑兵300轮式装甲车。后来，委内瑞拉订购了大量龙骑兵300装甲车。

美M2战车："沙漠军刀"行动中的利剑

布雷德利是美国陆军著名的五星上将之一，在第二次世界大战中，他立下赫赫战功。战后，他曾任美军参谋长联席会议主席。1981年10月22日，美国决定以"布雷德利"的名字来命名M2战车，以纪念这位功勋卓著的将军。

M2生存能力褒贬不一。有人说M2步兵战车十分有用，是世界上最好的步兵战车。有人说M2步兵战车不堪一击。实际上，M2的车体为钛合金焊接结构，车体后部及两侧垂直装甲的厚度为25.4毫米，在其外面相隔 88.9 毫米处附加有两层 6.35 毫米厚的钢板，这两层钢板之间还有 25.4 毫米间隙，这种间隔装甲技术的采用，使得从最外侧的钢板至车内的距离达到 152.4 毫米，这在当今世界上的步战车中是数一数二的，可有效地分散空心装药破甲弹的射流，削

M2 战车

弱破甲能力。为防御反坦克地雷，车体底部前三分之一部位挂装了一块 9.525 毫米厚的钢板。为提高生存能力，M2 步战车上还配有个体式三防装置和自动灭火系统；在炮塔前主炮两侧各装有四管电操纵的烟幕弹发射器；车上还装有发动机排气热烟幕发射装置。因此说，M2 步战车防护性能好，生存能力强。

M2 步兵战斗车具有强大的火力。它的主要武器是一门 25 毫米机关炮，绰号"大毒蛇"，令人闻而生畏。它安装在炮塔上，可对付地面和空中目标，可单发射击，也可连发射击，配有脱壳穿甲弹和燃烧榴弹，射手可随意选择 100、200、500 发/分的射速和弹种，发射贫铀穿甲弹在 1000 米距离上可垂直穿透 75 毫米厚的钢板，车内备弹 900 发，可在反斜坡上隐蔽射击。另一件主要武器是炮管左侧的双管"陶"式反坦克导弹发射架，车上共备有 7 枚导弹，用来打击敌坦克。辅助武器为 1 挺 7.62 毫米并列机枪。M2 步兵战斗车配有较为先进的火控系统，机关炮是三向稳定的，可以行进间准确射击；配有热成像仪瞄准镜，作用距离约为 2000 米，夜战能力较强；车长可环视四周，且可超越炮手，控制炮塔的旋转和主炮的射击。

M2 步兵战斗车具有出色的机动性。它有一套先进的推进系统，是世界上第一家采用静液机械传动装置的步兵战斗车，独具特色。这种静液自动机械式传动装置体积小，效率高，操纵轻便，行驶平稳，可靠性高，其传递功率高达 500 马力。因而，M2 步兵战斗车可以无级转

向和无级变速。"心脏"为一台功率为500马力8缸4冲程涡轮增压柴油机，行动部分采用扭杆悬挂装置。致使M2步兵战斗车的最大时速为66公里，公路上最大行程483公里，爬坡度为31°，可越过2.54米的壕，攀0.914米的垂直墙，因而可以很好地伴随主战坦克在高速的运动中作战。当车体上部边缘的折叠式浮渡围帐竖起来时，M2步兵战斗车可以靠履带划水浮渡，水上时速7.2公里，竖起浮渡围帐约15分钟。该车不能直接在水中行驶。

【点评】M2步兵战车在海湾战争中，表现出色，紧随M1A1主战坦克驰骋在茫茫无际的沙漠上，成为"沙漠军刀"行动中的一把利剑。至今光芒四射。

日本90式坦克：号称"打遍天下无敌手"

不久前，一个非官方的国际预测组织武器小组评估了世界各国先进的主战坦克，荣登榜首的并不是大名鼎鼎的"豹"2坦克、M1A2坦克或T－80Y坦克，而是十分不起眼的日本90式坦克。这多少令人感到有点意外。尽管这一预测小组的

90式坦克

结论不一定代表国际上公认的意见，但90式坦克能获此殊荣，自然会大大提高它的身价。那么，90式坦克到底够不够格呢？

研制时间最长，15年铸一车。人们常用唐代诗人贾岛的"十年磨一剑"的诗句，来形容事业的艰辛。日本研制90式坦克从论证到定型前后历时达15年之久，足见研制一种性能优异的新坦克是多么不易。

"世界上最贵的坦克"。90式坦克的整个研制经费高达350亿日

元，尽管只相当于 M1 坦克研制经费的一半，但对日本人来说，投入这么多经费来研制一种新坦克，还是头一遭。90 式坦克在 1991 年装备日本陆上自卫队 26 辆，采购单价高达 12 亿日元，大约折合 850 万美元。1992 年和 1993 年各装备 20 辆。1994 年装备 20 辆，采购单价已经降到 7.8 亿日元。但由于日元汇率升值，仍相当于 760 万美元。说 90 式坦克是"世界上最贵的坦克"，还是满够格的。

"世界上最好的坦克"。采用先进的自动装弹机，这种自动装弹机采用带式供弹方式，弹仓在炮塔尾部，弹仓的贮弹量大约为 16 发。弹在炮塔尾部，不仅补充弹药方便，也比较安全。具有一定自动跟踪能力的火控系统，90 式坦克和 M1A1 坦克一样，采用了德国莱茵金属公司的 120 毫米滑膛炮。但 90 式坦克的战斗全重比 M1A1 和"豹"2 坦克轻 5~7 吨，加上 90 式坦克的外廓尺寸也稍小些。90 式坦克的火控系统属于指挥仪式火控系统，采用了"猎手—射手"式控制方式。据说 90 式坦克的火控系统还具有自动跟踪能力。炮长或车长在捕捉到目标（目标图像进入到瞄准镜现场）后，乘员只要按下跟踪开关，瞄准镜便可以一定的速度自动跟踪目标，这样便提高了火炮的战斗射速。在现装备的各国主战坦克中，只有 90 式坦克和"梅卡瓦"3 坦克具有对目标的自动跟踪能力，这也算是它的一个"绝活"。日本人称它是"世界上第一流的火控系统"，"可以在 3000 米外首发命中一个汽油桶"。果真如此，那可真是"弹无虚发，指哪打哪"了。日本式的复合装甲，是"机密中的机密"，它不是英国的"乔巴姆"装甲，而是地地道道的"东洋货"。据悉，90 式坦克的复合装甲就是 G 装甲的改进产品。这种复合装甲由轧制钢装甲和蜂窝状陶瓷中间层组成，有很好的综合抗弹性能。90 式坦克上除有三防装置和灭火抑爆装置外，还采用了先进的激光探测报警装置。只要一受到敌方激光束的照射，它便可以立即报警，并自动地发射烟幕弹，隐蔽自己，迷惑敌方，给人们留下了深刻的印象。

【点评】日本90式坦克号称世界先进的主战坦克，它研制时间最长，15年铸一车，花钱最多，是"世界上最贵的坦克"，它性能优异，是"世界上最好的坦克"。

台湾坦克装甲车：大多都是组装

20世纪50年代，台军地面部队主要装备的坦克是美制M–5A1轻型坦克。自1958年起，开始接受美国援助的M–24、M–41轻型坦克，逐步淘汰M–5A1型坦克。20世纪60年代后，开始换装M–113型水陆两用装甲车。20世纪70年代，又从美添购了M–48A1、M–48A3等中型坦克，开始在美国技术帮助下，仿制和自行研制装甲车。进入20世纪80年代后，开始淘汰M–24型，又相继从美引进了M–48A5、M–60A3等新型坦克，并在美国的技术指导下，对M–41、M–48A1等型坦克进行改装，使改装后的M–48A1型性能达到M–48A5型。1984年，台"战甲车发展研究中心"与美国通用电气公司共同规划，研究生产一种M–48H"勇虎"式中型坦克。该型坦克实际上是购进美国M–60A3坦克的底盘，与台原装备的M–48A3型坦克炮塔拼装而成，1989年开始正式生产并装备部队。

该型坦克最大行程500公里，装备一门105毫米火炮和新式火控系统，并装备有高清晰度热成像仪和激光测距仪等，可在夜间或烟雾条件下射击目标，具有操作简单、迅速、准确等特点，是台军主战坦克之一，目前装备有450辆。台军地面部队的主战坦克约有1100辆，除450辆M–48H外，还有M–60A3型350辆，M–48A5型约100辆，M–48A3型约200辆。

"勇虎"式坦克

目前，台军装甲车根据用途不同，主要有四大系列：一是 M - 113 系列，包括 M - 113 型水陆装甲车和以该型车为基础改装的装甲救护车和反坦克导弹发射车等；二是 V - 150 系列，包括 V - 150 轮式步兵战斗车和以该型车为基础改装的装甲救护车、反坦克导弹发射车、81 毫米迫击炮车等；三是 CM 系列，该系列装甲车是台湾自行研发的系列车族，基本车型为 CM - 21 装甲步兵战斗车，后以此为基础开发出了 CM - 22 式 106.7 毫米迫击炮车，CM - 23 式 81 毫米迫击炮车、CM - 24 装甲弹药输送车、CM - 25 "陶" 式反坦克导弹发射车、CM - 26 装甲指挥车等车型；四是 LVT 系列，包括 LVT - 3C 及 LVT - P5C1 装甲登陆指挥车、LVT - P5A1 水陆装甲输送车、LVT - P5E1 登陆扫雷工兵车、LVT - P5R1 登陆救济车以及 LVT - H6 水陆坦克等，主要装备海军陆战队，用于两栖登陆作战。目前台军拥有各型装甲车约 1500 辆。

尽管台军现装备的坦克、装甲车种类比较齐全，机动性能较好，且具有较强的火力和夜战能力，但是，台军所装备的坦克对外依赖程度高，至今台湾尚不能自行制造坦克，其装配的 M - 48H 主战坦克，零部件均由美国提供，这与台军研制武器的战略指导思想和科技水平低有关。而且，其坦克、装甲车的防护能力较差。普遍装甲厚度仅 30 ~ 40 毫米，M - 48H 坦克的炮塔厚度也只有 110 毫米。目前，台军正在规划研发第三代坦克和步兵战斗车，计划 10 ~ 15 年之内完成。

【点评】尽管台军现装备的坦克、装甲车种类比较齐全，机动性能较好，且具有较强的火力和夜战能力，但是，台军所装备的坦克对外依赖程度高，至今台湾尚不能自行制造坦克。

维克斯 MK7 坦克：与众不同

维克斯防务系统公司是世界上最早接触乔巴姆复合装甲的公司之一，并于1982年设计成勇士式主战坦克，以论证乔巴姆复合装甲及装甲车辆领域

维克斯 MK7 坦克

其他技术的发展情况。此后，维克斯防务公司和克劳斯－玛菲公司开始合作设计较重的维克斯 MK7 型主战坦克，可以说，该坦克实际上是维克斯勇士式坦克的火力和炮塔系统与克劳斯－玛菲公司"豹"2坦克的动力传动部件的结合型坦克。

该主战坦克采取常规的总体布置，驾驶舱在车体前右位置；前左位置是弹药储存仓，可存放23发120毫米炮弹；车体中部是战斗舱；发动机和传动装置位于车体后部。乘员座位的设计考虑了人体工程因素。驾驶员的控制装置与汽车的驾驶装置相类似，有方向盘、油门踏板和制动踏板。该坦克的炮塔用装甲钢板焊制而成，正面和侧面装有乔巴姆装甲。车长在炮塔内右边，炮长在车长前下位置，装填手在火炮左边，乘员座位可以随同炮塔一起旋转。该坦克的主要武器是英国皇家兵工厂研制的 L11 式120毫米线膛坦克炮，但也可以换装法国地面武器工业集团的120毫米滑膛坦克炮或联邦德国莱茵金属公司的120毫米滑膛坦克炮。该坦克装有联邦德国 MTU 公司的 MB873Ka－501柴油机发动机，标定功率1103千瓦（1500马力），采用"豹"2坦克使用的伦克公司 HSWL354/3 型传动装置，由可闭锁的液力变距器、行星式自动变速机构和液力－液压转向装置组成，有4个前进挡和2个倒挡。电液式操纵系统万一出现故障，驾驶员可以使用机械操纵装置挂前进2挡或倒2挡行驶。该坦克的防护系统采用乔巴姆复合装甲，对尾翼稳定脱壳穿甲弹和破甲弹均有较好的防护效果。在坦克

装甲表面涂有防红外涂层。采取先与冷却空气混合再排出车外的办法大大降低了发动机排气的温度。炮塔座圈以上部位无发热部件，这种布置方式使该坦克具有较好的被动防护性能。武器控制采用固态元件，工作时无须从发动机而是从蓄电池获取功率，因此不易被敌人热像或音响探测装置探测到。该坦克的制式防护设备还有三防及通风装置、动力舱的固定式灭火系统以及由格莱维诺公司提供的乘员舱自动灭火抑爆系统。

【点评】维克斯MK7主战坦克之所以与众不同，是因为它由不同国家不同公司联合研究制造的，也即英国维克斯防务系统公司与联邦德国"豹"2主战坦克主承包商克劳斯－玛菲公司合作研制的一种出口型主战坦克，坦克的很多部件是多国制造的。

英国MCV-80战车：性能很"火"

MCV-80步兵战车是英国设计生产的现代化步兵战车。

1986年1月，该车在特尔福德城开始批量生产。第一批生产型车辆于1986年12月完成，共计290辆，其中170辆选用拉登双人炮塔，其余120辆为各种专用的变型车辆。1987年5月，第一批生产型车正式交付英军使用，第一个装备该车的营属于英国驻莱茵部队的建制，到1988年中该营全部装备完毕。第二批和第三批共计763辆，包括基型车与变型车。在全部1053辆中，70%为步兵班用车辆，其余均为各种变型车。如果满负荷生产，年产量为140辆。首批研制的3种变型车为步兵战车、炮兵观察车和抢救修理车。预计武士型在英军驻莱茵部队中

MCV-80战车

将装备 13 个营，每营配备 45 辆，并保留少量的 FV432 装甲人员输送车。

　　该车采用铝合金焊接结构。驾驶员位于车体前部左侧，有 1 个大视场的潜望镜，该镜也可换成微光驾驶仪。双人炮塔位于车辆中央偏左，是由 GKN 公司防务分部转包给维克斯防务系统公司研制的。车长在右，炮手居左。炮塔采用动力驱动，紧急情况下也可手动操纵。车长和炮手均有 1 个皮尔金顿公司 PE 雷文昼夜瞄准镜，昼间放大倍率为 1 倍和 8 倍；夜间放大倍率为 2 倍和 6 倍。此外车长还有该瞄准镜的辅助旋转装置。在炮塔两侧和后部均有潜望镜。经过对英国拉登 30 毫米机关炮与美国 25 毫米的 M242 链式炮对比试验，最后选定拉登 30 毫米机关炮为主要武器。该炮原由恩菲尔德城的皇家兵工厂生产，改为公开招标后，英国制造与开发公司中标，该公司于 1985 年与英国国防部签订了生产拉登机关炮的合同。辅助武器为 1 挺 7.62 毫米的 EX-34 机枪，英国称之为 194A1。在炮塔两侧还各有烟幕弹发射器 1 组，每组 4 具。动力舱门位于驾驶员右侧，通过正齿轮侧传动，将动力传送到主动轮，采用 1 台帕金斯发动机公司的康达 CV8TCA 柴油机，功率 404 千瓦（550 马力）。与之匹配的是美国底特律柴油机阿里逊分部的 X-300-4B 液力机械传动，根据特许由英国帕金斯发动机公司生产。转向装置为差速式液压无级转向装置。

　　制动装置和传动装置组合一体，采用助力操纵。冷却系统在发动机、发电机、传动装置和制动装置的上方。采用卢卡斯公司的 300A 油冷发电机，由变速箱通过功率分现装置驱动，后者还通过液压泵带动埃阿斯克罗·豪顿公司生产的风扇。行动部分采用扭杆悬挂，每侧有 6 个铝负重轮和 3 个托带轮。第一、第二和第六负重轮处有减振器，装在平衡肘壳体内。采用普通销耳挂胶钢质履带，有橡胶衬垫。载员舱在车体后部，可载全副武装士兵 7 人，4 人在右，3 人居左，每人均有单个座位，坐椅可用皮带吊起。每人的装具可放在坐椅下面或舱内其他栅格内。该车在装备满载时可持续作战 48 小时。该车的标准设备有位于驾驶员左后侧的三防装置和各种夜视仪器。在后门两侧设有储藏箱。

1986年，GKN公司防务分部与查布消防器材公司签订合同，由该公司供应发动机的灭火装置。这种灭火装置采用哈隆灭火剂，由2个哈隆气罐组成，重量较轻，用完后可再灌气。气罐通过出口进入环绕动力舱的喷气管中。一旦舱内着火，乘员用手触发装置将灭火装置打开，4秒内即可将灭火剂喷出。第二个灭火罐是备份的。在车体外部也有手触发装置，可以遥控操纵灭火装置灭火。此外，该车还有5个手提式灭火器，3个在车内，2个在车外。

【点评】英国MCV-80步兵战车，是由多家公司生产组合而成，其中维克斯防务系统公司为班用车辆和指挥车提供双人炮塔；珀金斯发动机公司提供整套动力装置，包括发动机、传动装置和冷却系统；GKN公司为武士车族中的抢救车和修理车提供装7.62毫米机枪的炮塔。性能很"火"。

第三章 现代舰艇

"阿利·伯克"级驱逐舰：当代水面舰艇当之无愧的"代表作"

"阿利·伯克"级驱逐舰是以美国海军上将阿利·伯克的名字命名的。"阿利·伯克"号是 DDG51 级导弹驱逐舰的首舰，同时也是第一艘装备"宙斯盾"系统并采用隐身设计的驱逐舰。

可靠性和作战性能都很强的"阿利·伯克"级驱逐舰在美国海军序列中创造了一项历史：即美军服役时间最长的舰艇之一，堪称美国海军中一头"任劳任怨的老黄牛"。自从第一艘"阿利·伯克"级驱逐舰于 1991 年 7 月 4 日下水，如今，这种舰艇已经走过了近 20 个年头，其建造时间之长，只有"尼米兹"级航空母舰能与其媲美。

根据美国总统奥巴马签署的国防预算案，美军将新开工建造至少三艘"阿利·伯克"级驱逐舰。目前，还有三艘同级别军舰正在建造之中。美军表示，在短期内，根本不用这种虽成为各国海军司令梦寐以求的"宠儿"但又会"过时"的驱逐舰。

"阿利·伯克"级驱逐舰

资料显示，"阿利·伯克"级驱逐舰排水量 9500 吨，时速超过 30 节。该舰配有先进的宙斯盾系统，可同时跟踪超过 100 个以上的目标。这种驱逐舰是美军装备的第一种可全面防护生物、化学以及核武器袭击的水面舰艇。在经过系统升级改造后，"阿利·伯克"级驱逐舰还可充当美军的海基导弹防御系统发射平台。

"阿利·伯克"级导弹驱逐舰，全面采用隐形设计，武器装备、电子装备高度智能化，具有对陆、对海、对空和反潜的全面作战能力，代表了美国海军驱逐舰的最高水平，堪称尖端之舰的"代表作"。这种军舰配有 4 台 LM－2500 燃气轮机，总功率 10.5 万马力，最大航速 32 节，续航力 4400 海里/20 节。

该级舰一改驱逐舰传统的瘦长舰型，采用了一种少见的宽短线型，具有极佳的适航性、抗风浪稳定性和机动性，能在恶劣海况下保持高速航行，横摇和纵摇极小。这种驱逐舰舰体和上层建筑均为倾斜面，以大幅减弱回波信号。在烟囱末段安装红外抑制装置，以降低红外辐射量。在机舱段的舰体外表装设"气幕降噪"管降低辐射噪声。

"阿利·伯克"级驱逐舰在许多方面处于世界领先地位，且其规模最大，战斗力最强，部署面最广，不愧为当今世界的驱逐舰之王。当然，其最为世人称道的特点是最早装备"宙斯盾"系统和导弹垂直发射系统，"阿利·伯克"级驱逐舰能通过 MK－41 系统垂直发射"战斧"巡航导弹（分为对地攻击型和反舰型）。其中对地型又分为核装药型和常规弹头型：核装药型射程为 2500 公里；常规弹头型射程为 1300 公里。该舰另有射程 27 公里的 127 毫米全自动炮 1 座、鱼雷发射装置和多种舰对空导弹。具备抗反舰导弹饱和攻击的能力。在设计上，强调编队协同作战，重视可靠性、可维修性，追求经济性和舰的生存能力。

2008 年，"阿利·伯克"级驱逐舰曾使用"标准－3"舰对空导弹，击落了一颗失效的侦察卫星。在经过本次"导弹打卫星"实验后，美军开始为其他配有宙斯盾系统的驱逐舰和巡洋舰安装同类反导弹武器系统。据悉，美军原本计划生产 29 艘"阿利·伯克"级驱逐舰，2011 年，这一数字将达到 62 艘。

同下一代隐形战舰相比而言，"阿利·伯克"级驱逐舰的最大优势就是"物美价廉"。每艘造价 12 亿美元，只有新一代战舰的一半左右。在美国其他兵种，能享受到类似"常青树"待遇的武器系统还包括美军的 C－130"大力神"运输机。这种飞机自从 1957 年首飞后，已经生产了 50 多年，但仍很受欢迎。

作为迄今为止美国也是世界海军史上最先进的驱逐舰，"阿利·伯克"级导弹驱逐舰创造了美国海军史以及驱逐舰史上的许多第一，堪称美国海军的骄傲，其中以下四个第一永载史册。

世界上第一级装备"宙斯盾"系统的驱逐舰。20 世纪六七十年代，为对付苏联海军种类繁多、性能先进的反舰导弹，美国海军授权 RCA 公司开发了"空中早期预警地面综合系统"，又称"宙斯盾"系统。1983 年，首装"提康德罗加"级导弹巡洋舰。此后，美国海军不断对其进行升级和改进，目前，"宙斯盾"作战系统已经发展为基线 7，以适应美国海军作战环境的改变，结构更加开放，改善了浅海作战能力。

世界上第一次采用导弹垂直发射系统的驱逐舰。为了应对反舰导弹实施的饱和攻击，美国海军对导弹发射系统进行了改进，研制出世界上第一型 MK－41 垂直发射系统，与以前的导轨式或箱式发射相比，提高了发射率，增加了可靠性和可维护性，降低了全寿命期成本，呈半球形的发射范围无死角，足够的备弹量足以应对二次饱和攻击。

美国海军第一级采用集体防护系统的战舰，可防止核、生、化战带来的放射性物质污染。舰上除机舱以外的生活和工作舱室是重点密闭区，舱盖采用双层密闭，进入舱室的空气全部经过多层过滤。上层建筑由铝合金改为高强度钢，冲击波压力为 0.49 千克/厘米，使上层建筑抗核爆炸冲击波的能力有大幅度提高。

美国海军史上第一艘以华裔将领命名的军舰——"阿利·伯克"

级第43艘DDG93"钟云"号。2003年1月11日，美国海军为新建的第43艘"阿利·伯克"级导弹驱逐舰举行了正式命名仪式，以"二战"时期功勋卓著的华裔名将钟云的名字命名为"钟云"号，使其成为美国海军史上第1艘以华裔将领命名的军舰。钟云全名为戈登·派伊亚。钟云，1910年7月10日出生于美国夏威夷州首府檀香山市，有一半夏威夷原住民血统、1/4华人血统和1/4英国人血统。1934年5月，毕业于美国海军军官学校，曾在美国海军"亚利桑那"号战列舰上服役。1941年12月7日，日本偷袭珍珠港时，停靠在此的"亚利桑那"号被击中，起火沉没，钟云幸免于难，1944年被任命担任美国海军"西格比"号驱逐舰舰长，鉴于在战斗中的表现，钟云获得了美国海军十字勋章和银星勋章，并晋升为少将军衔。1959年10月，钟云从美国海军退役，1979年逝世。为纪念这位"二战"将领，美国海军首次以一位有华裔血统的将领之名给舰艇命名。2004年9月18日，"钟云"号正式加入美海军服役，母港设在钟云生长的夏威夷。2006年9月10日，该舰与赴美访问的人民海军"青岛"号导弹驱逐舰进行了中、美两国海军首次联合演练。

【点评】"阿利·伯克"级导弹驱逐舰，在世界海军中可谓声名显赫。它是世界上第一艘装备"宙斯盾"系统并全面采用隐形设计的驱逐舰，武器装备、电子装备高度智能化，具有对陆、对海、对空和反潜的全面作战能力，代表了美国海军驱逐舰的最高水平，堪称尖端之舰，典范之作，是当代水面舰艇当之无愧的"代表作"。

"阿斯图里亚斯亲王"号航空母舰：地中海斗牛士

1979年由西班牙巴赞造船公司正式开工建造，1989年服役。长195.9米，舰宽24.3米，型深20.6米，吃水9.4米；飞行甲板长

175.3 米，宽 29 米；该舰满载排水量为 17188 吨；主机为两台 LM-2500 燃气轮机，46400 马力，单轴，一个五叶变距螺旋桨。最大航速为 26 节，续航力在 20 节时为 6500 海里；人员编制 555 人。机库面积达 2300 平方米，载机总数达 20 架，常用装载方案为：8 架 AV8B 垂直短距起降飞机、8 架 "海王" 反潜直升机、4 架 AB212 通用直升机。紧急情况下，部分飞行甲板搭载飞机，载机总数可达 37 架。

最强的与最现实的军舰是为了用于作战，任何设计师都希望自己设计的军舰具有最强大的战斗力。然而，到了 20 世纪 70 年代，这一观点在美国却受到了强有力的挑战。

20 世纪 70 年代是美国和苏联之间冷战的高峰时期，为了维护传统的海上霸权，美国将大量的资金投入了激烈的海上军备竞赛。为了更新旧的航空母舰，美国设计了有史以来最强大的 "尼米兹" 级核动力航空母舰。然而，大型核动力航空母舰高昂的造价却在美国海军中引起了激烈的争论。一些军事评论家认为：清一色的大型航空母舰编队，并非美国海军的最佳选择。在这场争论中，美国的吉布斯·考布斯公司推出了名为 "海上控制舰" 的设计方案。这是一种排水量为 14000 吨的小型母舰，可搭载 17 架 "海鹞" 飞机。据吉布斯·考布斯公司宣称："海上控制舰" 的控价仅为大型航空母舰的八分之一，即一艘 "尼米兹" 级的造价可以建造 8 艘 "海上控制舰"。吉布斯·考布斯公司的方案对于耗资庞大的美国海军来说，无疑具有很强的吸引力。但是，由于美国历来以 "联盟战争" 为其军事战略的基石，在当时设想的 "联盟战争" 中，美国海军所担负的主要任务是在大洋上夺取和保持制海权，反潜、护航等任务主要由欧洲盟国海军负责。因此，"海上控制舰" 的设计最终胎死腹中。当然，这一场关于 "最强的" 和 "最现实可行的" 争论并非毫无结果，由此产生了 "按造价设计" 舰艇的设计思想，并在 20 世纪七八十年代风靡一时。

就在吉布斯·考布斯公司为 "海上控制舰" 被抛弃而烦恼时，在大洋彼岸的西班牙出现了一个机会：西班牙海军唯一的一艘航空母舰

"迷宫"号服务已达 30 多年，这艘曾在"二战"中为美国海军效力的老舰，此时已破旧不堪，西班牙决定建造一艘新型航母代替"迷宫"号服役。尽管 400 多年前，西班牙海军也曾雄霸海洋，但 400 多年后的今天，就连它最大的船厂——国营巴赞造船公司，也从没有设计建造过航空母舰这样的庞然大物。为此，西班牙决定向国外招标，寻找合作者，从而为巴赞造船公司提供设计和建造中的技术指导。在美国政府的积极支持下，吉布斯·考布斯公司一举中标，成为西班牙新航母工程的使用者。1979 年，命名为"阿斯图里亚斯亲王"号的西班牙新航母正式开工建造，10 年以后，这艘以美国"海上控制舰"为蓝本的轻型航母加入西班牙海军服役。

"阿斯图里亚斯亲王"号的服役，无论对西班牙还是对美国都是一个巨大的成功。就西班牙海军而论，以反潜护航为主要作战任务的"海上控制舰"方案，较好地符合了西班牙海军的作战需求，使西班牙海军的作战能力有了大幅度的提高；同时，通过双方的合作，西班牙掌握了现代航空母舰的设计建造技术，成为当今世界具有这一技术的为数不多的几个国家之一。对美国来说，"阿斯图里亚斯亲王"号的服役，成为美国与其盟友在海军技术上合作成功的典型范例。尽管"海上控制舰"方案遭到了美国海军的否决，但是作为在未来战争中具有重要意义的设计方案，美国海军有关人士对此一直念念不忘。西班牙新航母的建造是对"海上控制舰"最好的实际检验，为此，美国在西班牙航母工程中提供了全面合作，并不惜提供了高达 1.5 亿美元的低息贷款作为财政支持。这大概也是"阿斯图里亚斯亲王"号于 1988 年 12 月首航美国受到异乎寻常热烈欢迎的原因吧。

作为一艘典型的轻型航空母舰，"阿斯图里亚斯亲王"号与英国的无敌级、意大利的加里波第级，无论是排水量、主尺度、还是其他性能数据均大同小异，难免给人以雷同的感觉。但仔细对比分析，则会发现"阿斯图里亚斯亲王"号确有过人之处。如果将其设计特点加以总结，可以概括为：大胆取舍，突出重点。

作为航空母舰，其战斗力突出体现在它的舰载机上。"阿斯图里亚斯亲王"号正是抓住这一重点，大作文章。为了提高载机数量，"阿斯图里亚斯亲王"号设计了同型舰中首屈一指的大型机库，机库面积达 2300 平方米，这一机库面积超过无敌级和加里波第级约 70%，接近法国 3.2 万吨级的"克莱蒙梭"号。载机总数达 20 架，常用装载方案为：8 架.AV8B 垂直短距起降飞机、8 架"海王"反潜直升机、4 架 AB212 通用直升机。紧急情况下，部分飞行甲板搭载飞机，载机总数可达 37 架。相比之下，排水量高于"阿斯图里亚斯亲王"号 3000 吨的"无敌"号，载机能力也仅为 21 架（9 架"海鹞"、12 架"海王"）。马岛战争中，"无敌"号超载作战载机仅为 10 架"海鹞"和 9 架"海王"。排水量较小的"加里波第"号载机能力为 16 架 AV8B 或 18 架"海王"。

为了保证舰载垂直短距起降飞机重载起飞作战，现代轻型航空母舰均设有滑跃跑道，"阿斯图里亚斯亲王"号的滑跃跑道跃升角为 12°；相比之下，"无敌"号的滑跃跑道原为 7°，"加里波第"号为 6.5°。据英国海军研究表明，当滑跃跑道跃升角由 7°增至 12°后，飞机的作战载荷可增加 1130 公斤，或者在同样起飞重量下起飞滑跑距离缩短 50%～60%。为此，英国海军在建造无敌级的第 3 艘舰"皇家方舟"号时，将跑道跃升角改为 12°。之后又花费巨资，将该级舰均改为 12°。和同类的轻型航母一样，"阿斯图里亚斯亲王"号航母设有两部舷内升降机，用于将飞机从机库提升至甲板。"阿斯图里亚斯亲王"号的升降提升能力为 20 吨，属于轻型航母中最大的升降机之一。较强的提升能力，为将来改装重量较大的新型飞机提供了余地。

在提高航空作战能力上，"阿斯图里亚斯亲王"号的设计无疑是成功的。当然，这种作战能力的提高必须在体积、重量和费用上付出代价。这一代价在设计上的体现，是为了保证突出重点，大胆地舍弃了一些相对次要的性能。这一点同样形成了"阿斯图里亚斯亲王"号的突出特点。

在总体设计的平衡之中，做出牺牲的主要是动力系统、舰载武器和部分电子设备。"阿斯图里亚斯亲王"号采用燃气轮机动力系统，主机为两台 LM-2500 燃气轮机（46400 马力），单轴，一个五叶变距螺旋桨。这一动力系统的设计有两个惊人之举：一是采用了单轴单桨推进装置，这在现代航空母舰中是独一无二的；单轴单桨的优点是体积重量小、推进效率高，但机动性、可靠性、生命力较差，作为大型主力战舰，采用单轴单桨无疑要冒很大的风险；"阿斯图里亚斯亲王"号的弥补措施是在舰部的前方并排安装了 2 台可收放、可变向的应急动力装置，由两台 800 马力的电机驱动，可以提供 4~5 节的速度。二是动力系统总功率仅 46400 马力，相应的最大航速仅 26 节；相比之下，排水量较小的加里波第级采用了 4 台 LM-2500 主机，推进功率81000 马力，最大航速 30 节；无敌级则采用了 4 台奥林普斯 TM3B 型燃气轮，最大航速 28 节。尽管在现代舰艇设计理论中，最大航速的要求已大大降低，但是人们普遍认为主力舰艇的航速似乎不应低于 28节，而"阿斯图里亚斯亲王"号的最大航速仅 26 节，不能不说是一个大胆之举。

在舰载武器的配置上，无敌级装有射程在 40 公里以上的"海标枪"航空导弹，具备舰载区域防突火力，并在而后的改装中加装了 3座"座集阵"近程防空武器系统；"加里波第"号的舰载武器更加全面，它包括 2 座类似"海麻雀"的八联装"腹蛇"防空导弹系统，由3 座双联装 40 毫米火炮组成的"达多"近程防空系统，甚至还装有 4座"奥托"Ⅱ型反舰导弹发射装置，可谓火力强大；反观"阿斯图里亚斯亲王"号，全部舰载武器仅为 4 座 12 管 20 毫米"梅罗卡"近程防空火炮。尽管"梅罗卡"系统是当今一流的防空反导系统，但仅此一种防空手段，未免显得过于单薄，看来"阿斯图里亚斯亲王"号的设计思想中，更多的是强调编队护航舰艇提供火力掩护和支援。

同样，在电子设备的设置上，"阿斯图里亚斯亲王"号的设计也是强调由预警直升机和护航舰艇提供侦察预警，其自身的雷达设备仅有 1 部 SPS－55 对海搜索雷达、1 部 SPS－52C 三坐标雷达和 1 部 SPN－35A 空中管制雷达，它们的共同特点是性能可靠，但这种配置只相当于美国斯普鲁恩斯级驱逐舰的雷达配置。当然，作为编队的指挥舰，"阿斯图里亚斯亲王"号的通信指挥系统还是比较先进和齐全的。纵观"阿斯图里亚斯亲王"号总体设计，在突出航空母舰作战特点的前提下，敢取敢舍，简单明快，可以说是一个大胆的设计，也是一个成功的设计。有人认为：对于现代武器设计者来说，面对众多令人眼花缭乱的先进技术，能够抓住重点，大胆放弃一些先进的、但又十分复杂的技术装备，使总体设计达到最佳的效费比，这是一名优秀设计师的突出品质。"阿斯图里亚斯亲王"号的这种成功，最终体现在低廉的建造费用上。尽管"阿斯图里亚斯亲王"号的造价达 5 亿美元，但这主要是由长达十年的建造周期造成的，而巴赞造船公司为泰国建造"皇家公主"号的合同金额只有 2.85 亿美元，它与同类航母 5 亿美元左右的造价形成了鲜明的对比。

在巴赞造船公司最终取得"皇家公主"号的建造合同、围绕着泰国新航母建造工程的争夺告一段落之后，一个值得人们反思的问题是："阿斯图里亚斯亲王"号成功的关键在哪里？是什么因素促使这个被海军强国认为是二流的轻型航母成了"最优选的"军舰？答案只有一个：这就是顺应潮流，需要与可能达到最佳结合。随着苏联的解体，困扰世界达 40 年之久的冷战宣告结束，围绕着维护国家、民族自身权益的海上斗争成了当今世界海洋矛盾的主题。一些经济发展较快的第三世界国家迫切需要建立一支新型的海军，以维护本国的海洋权益和主权。对于这些国家来说，一支轻型航空母舰编队所提供的能力，远远超过了其他任何形式的水面编队，同时这种能力可以通过更新舰载机得到不断提高。但是，这些国家的总体经济、技术实力毕竟还显得薄弱，难以承受较高的价格，而且它们的海洋利益主要集中在近海海域，不需要那种性能先进、功能完善的航空母舰。而"阿斯图里亚斯亲王"号恰好出现在这种需要和可能的最佳结合点上，这是它取得成功的基本因素。从另一方面来看，各国海军的作战需求千差万别，设计出一艘适合所有需求的"万能"军舰是不可能的。事实上，"皇家公主"号并没有照搬"阿斯图里亚斯亲王"号的设计，根据泰国海军的要求，"皇家公主"号的排水量减为11485吨，推进装置改为双轴双桨，并增设两台巡航柴油机（11780马力），使动力系统变为燃—柴联合动力；在舰载武器方面，将加装8单元点防御导弹系统、4座近程反导火炮系统，总体武器配置得到全面的更新和提高。从"皇家公主"号的改进设计来看，"阿斯图里亚斯亲王"号的原始设计具有较大的灵活性，对于服役时间较长的大型军舰来说，改进设计的灵活性，也是设计取得成功的一个重要因素。

从"阿斯图里亚斯亲王"的成功至"皇家公主"的辉煌，带给人们一个重要的启示：作为一个舰艇设计者，不仅要熟练掌握和运用设计中的各种技术手段，而且必须全面把握每一型舰艇设计的大背景和大环境。现代舰船的设计是一项复杂的系统工程，只有在全面分析和准确掌握用户需求的基础上，大胆取舍，做出最实用、最灵活的方案，才能真正设计出"最现实的"军舰。这就是为什么"阿斯图里亚斯亲王"号在当今国际形势下备受青睐的原因。

【点评】西班牙"阿斯图里亚斯亲王"号航空母舰是西班牙海军目前唯一在役的航空母舰，也是西班牙史上第三艘航空母舰。该舰为现时舰队旗舰。舰名来自西班牙储君的封号。为"皇家公主"号航空母舰的总承包商西班牙巴赞造船公司这样评价自己的"阿斯图里亚斯亲王"号：作为第二次世界大战后第一艘专为出口建造的航空母舰，它可能不是最强的，但肯定是最现实的。

"奥斯卡"核潜艇：欲与"海狼"比高低

1982年，苏联海军推出最新一代巡航导弹核潜艇"奥斯卡"级。这也是当今世界上吨位最大、武备最强的非弹道导弹核潜艇，堪称经典之作。其主要使命是攻击美国的航母编队，保护苏联的弹道导弹核潜艇，使敌方攻击型核潜艇难以接近苏联海军的舰队和基地，攻击敌方的大型集装箱运输船、超级油轮、运兵船以及其他高价值的军辅船和民用船舶。

"奥斯卡"核潜艇已有9艘服役。首艘"奥斯卡"号是北德文斯克造船厂建造。1978年开工，1980年4月下水，1982年交付海军。从第3艘起改为Ⅱ型，水下排水量为14000吨，艇长150米，宽18.3米，吃水11米，动力装置为2座压水堆，左右并排布置，2台蒸汽轮机，双轴，2部七叶螺旋桨，总功率90000马力，水下航速30节，下潜深度可达500米，艇员130人。

从外形看，"奥斯卡"酷似"一滴水"，但尾部有2个锥形尾，2部螺旋桨轴分别从2个锥形尾中斜向伸出，与西方的水滴形有所不同。指挥台围壳也较高大，围壳后面有1段1米高的阶梯，形状与弹道导弹发射舱口盖相似，只是较小，据专家推测，内部装有低频拖曳声呐

"奥斯卡"核潜艇

浮标或低频拖曳天线。

"奥斯卡"级的特别表现是采用双壳体结构，艇体宽大，耐压壳体与非耐压壳体之间大约有 3 米的距离。这种设计能缓冲一枚鱼雷或水雷的爆炸效应，特别利于保护导弹舱的安全和提高潜艇的水下破冰本领。在潜艇两舷中部各垂直布置了 12 具 SS－N－19 巡航导弹发射筒。每个发射筒有自己的筒盖，被包在非耐压壳里面，使整个艇体形成流线型，外形较美观，这是巡航导弹第一次采用垂直发射，可减少所占容积，重量减轻，简化发射程序。增大发射率，增加导弹战术使用的灵活性，安全可靠，无射击盲区和维护操作方便。

苏联海军在"奥斯卡"上装设了 2 种武器发射系统：携带 24 枚 SS－N－19 导弹的系统和装备了 6 具 533 毫米鱼雷发射管的系统。据称，"奥斯卡"级核潜艇上装 24 枚 SS－N－19 远程反舰导弹、12 枚 53 型鱼雷、12 枚 65 型鱼雷、16 枚 SS－N－15 中程反潜导弹和 16 枚 SS－N－16 远程反潜导弹，总计装载各种武器 80 枚。

"奥斯卡"级携带的 24 枚巡航导弹，在短时间内可发射多枚，攻击强度远远领先于美国巡航导弹潜艇，携带鱼雷数量也与美国相当。从射程来看，"奥斯卡"级选用的 S5－N－19 导弹可达到 500 公里，比 C 级装载的射程 65 公里的 SS－N－7 导弹远得多，可攻击更远距离的目标。此外，"奥斯卡"级艇装置了与其武器系统"门当户对"的先进电子设备：低频主、被动声呐、中频主动声呐和变型"魔盘"雷达。

【点评】全副武装的"奥斯卡"级巡航导弹核潜艇在"基洛夫"级巡洋舰等水面舰艇的配合、支援、护卫下，表现不俗。其较强的攻击能力，成了美国海军的一桩心事，于是美国海军下决心建造了赫赫有名的新一代"海狼"级攻击核潜艇。两强对峙，各展风姿。

"北德文斯克" 核潜艇: 能 "独自消灭一支航母战斗群"

　　俄罗斯海军最新的北德文斯克级攻击核潜艇诞生, 在 2001 年初正式下水。它由王牌的红宝石设计局设计, 于 1993 年 12 月 28 日在世界上最大的核潜艇生产基地北德文斯克北方机械制造联合体 (原 402 造船厂) 动工, 因诸多原因推迟至 1998 年艇体完工, 2000 年 5 月陆上设备安装调试完毕, 于 2003 年年底装备俄北海舰队。

　　该核潜艇的水上排水量 5800 吨, 水下排水量 8200 吨, 全艇长 111 米, 宽 15 米, 吃水 8.4 米, 编制艇员只有 50 人, 自动化程度颇高。艇体沿用俄罗斯核动力攻击潜艇的钛合金双壳体结构, 储备浮力极佳, 比美国核潜艇高得多。潜艇外形类似海洋中身法极快的比目鱼, 能够最大限度地减少水下航行的阻力。该艇最大潜航速度 31 节, 能够追踪打击任何一种水面舰艇。

　　"北德文斯克" 级核潜艇采用单轴推进, 配备 7 叶大侧斜螺旋桨, 可有效消除空气泡噪声。为了降低舱内噪声, 除在主机等主要噪声源安装减震基座、隔音罩和对艇内机械装置贯彻了降噪设计外, 同时也在艇内外铺设多种具有吸音性的高效消声瓦, 因此该艇所产生的水下噪声和一向以静音性能闻名的美国洛杉矶级 (SSN－688) 攻击核潜艇

"北德文斯克" 核潜艇

后期型相当。

"北德文斯克"级攻击核潜艇在俄罗斯海军中被归类为"水下核巡洋舰"，这是西方闻所未闻的，其关键的一条便是超强的武器装备。该艇的鱼雷舱布置在较靠近中部的围壳下方，与俄罗斯潜艇以往的鱼雷管安排方式不同，左右舷各有 4 个鱼雷管。在指挥台围壳后的第四舱（巡航导弹舱）内装置 24 枚 SS－N－21 改进型巡航导弹，射程 2500 公里，速度 0.7 马赫，核弹头当量 20 万吨 TNT，误差只有 80 米，具有"独自消灭一支航母战斗群"的能力。

作为第四代核潜艇，"北德文斯克"级是俄罗斯最先进潜艇设计制造技术的代表，反映出俄罗斯潜艇向多用途、深潜、安静、自动化发展的趋势。西方潜艇专家认为，"北德文斯克"级潜艇具备的先进技术和总体性能，至少与目前最先进的美制"海狼"级核潜艇相当。

【点评】"北德文斯克"级攻击核潜艇在俄罗斯海军中被归类为"水下核巡洋舰"，这是西方闻所未闻的，其关键的一条便是超强的武器装备。作为第四代核潜艇，"北德文斯克"级是俄罗斯最进行潜艇设计制造技术的代表，反映出俄罗斯潜艇向多用途、深潜、安静、自动化发展的趋势。

"俾斯麦"号战列舰："不沉的海上堡垒"终陨落

1940 年，一艘德国巨型超级战列舰建成服役，它以残酷、恐怖的代名词著名的"铁血宰相"俾斯麦的名字命名。杀人魔王希特勒希望这艘军舰能发扬"铁血"精神，残酷无情地剿灭一切海上敌人、重振德意志帝国的雄风。

"俾斯麦"号是希特勒为迅速重建德国海军建造的，它于 1939 年 3 月下水，1940 年完工服役，继承了德国舰只抗沉性强的特点。为了

"俾斯麦"号战列舰

提高航速，加装 4 座双联 380 毫米舰炮和大量的高射炮。德国人违反英德海军协议，把排水量秘密增至 4.1 万吨，以安装功率更大的蒸汽轮机和增大储油量。为了适应德国近海水浅的特点，德国人加宽了舰身，增加了抗鱼雷的装甲防护带。其标准排水量为 41676 吨，最大时速为 30.1 节，有 24 个鱼雷发射管，380 毫米口径的主炮，载有 6 架飞机，装甲最大厚度为 360 毫米。此外，"俾斯麦"号还有 150 毫米副炮 12 门、105 毫米高炮 16 门、37 毫米高炮 16 门、20 毫米机关炮 20 余门。可谓火力强大。

不过"俾斯麦"级战列舰仍有一些设计上的缺陷，德国人由于缺乏对防护系统的研究，没有像英、美、日、法等国的同代战列舰那样，将主装甲甲板安装在装甲带上端，而是装在了下端，其结果是通信指挥系统实际上没有装甲防护。德国人对舵也没有采取防护措施，正是这些弱点使它日后遭到杀身大祸。而且，它也没有高平两用的副炮系统，只能依靠 37 毫米高射炮抵御空袭。

"俾斯麦"号装甲厚、吨位重、火力强，被誉为"不沉的海上堡垒"，这个海上巨无霸似乎确有勇不可当之势。1941 年 5 月，它首次出战，即在北大西洋将英国皇家海军的主力战列巡洋舰"胡德"号送入海底，喜煞了希特勒。

"胡德"号是英国皇家海军的骄傲，是英国海上防御力量的中坚，如今却殒命于"俾斯麦"之手，这口恶气怎能下咽！况且如果"俾斯麦"号出现在大西洋上,英国的海上生命线无疑将面临被切断的危险。因此,丘吉尔给海军部的命令是:在"俾斯麦"进入大西洋作战海域之前,必须不惜一切代价击沉它!于是,一向以海军立国的英国调遣大量战舰,合围"俾斯麦"号。一时间,北大西洋辽阔的海面上出现百舰争流的场面,英国舰群从各个边缘角落急速向中心涌来。经过三天三夜的围追堵截,终于在 5 月 26 日晚在北大西洋围住了东撤中的"俾斯麦"号,"俾斯麦"号厄运临头。

20 时 55 分,第一轮打击伴着暴风雨降临"俾斯麦"号。低低的云层中,突然冲出几架英国"箭鱼"式飞机,呼啸着对准大舰两舷冲下来,一条条鱼雷从空中投下。舰体上炮声骤响,噼噼啪啪打得如炒豆一般。"俾斯麦"号忽左忽右,规避着从水中蹿来的鱼雷。"箭鱼"式飞机不时中弹下坠,但紧接着另一拨又冲下来。

几条鱼雷又钻了过来,"俾斯麦"号一个大转弯,躲过了一条,可另一条没躲过,不偏不倚,正中没有防护的舵柱!"俾斯麦"号左螺旋桨被炸坏,顿时失去了保持航向的能力,向左兜开了圈子,只好用调节其他螺旋桨转速的方法来控制住航向,"俾斯麦"号拖着歪歪斜斜的航迹继续向东游动。

22 时 30 分,英军的 5 艘驱逐舰从西北方向赶到,发起第二轮打击。但由于巨舰炮火太猛,它们被迫在有效射程外发射鱼雷,均未奏效。小小的驱逐舰实施的这轮突击虽未能直接消灭"俾斯麦"号,但迟滞了它的行动,巨舰再一次在原地转起圈来。

27 日 8 时 22 分,天际露出了"英王乔治五世"号的桅杆,其右侧是"罗德尼"号战列舰。强大的英国本土舰队经过长途跋涉终于杀到了面前。

8 时 47 分,双方都接近到有效射程,大炮几乎同时鸣响,为"俾斯麦"号送终的最后战斗打响了。

"英王乔治五世"号与"俾斯麦"号并排行进,平行射击;"罗德尼"号插到"俾斯麦"号前面拦击,两路同时进攻。"俾斯麦"号像被困住的恶狼，疯狂射击，大炮齐吼，最初射击还相当准确，第三次齐射时打中了"罗德尼"号。可"罗德尼"号的406毫米主炮和"英王乔治五世"号的356毫米主炮打得更猛更准，一排炮弹正中没有装甲保护层的主炮射击指挥仪。这一下等于挖掉了"俾斯麦"号的眼睛，加上它的行动本来就不便利，保持不住航向，因此射击精度骤降，接下来只有任人宰割了。

"英王乔治五世"号贴着它不断作侧向轰击，"罗德尼"号则在它前面来回穿梭，交替使用左右舷炮迎头痛击，4艘巡洋舰赶到后，加入炮轰的行列。重磅穿甲弹像暴雨一样倾泻过来，撕咬着它的躯壳。

"俾斯麦"号的蒸汽管路被炸断，机舱内气浪翻滚，漆黑一团。舱上舱下烈火熊熊，浓烟四起，全舰完全换了个模样。烟囱、桅杆被掀翻，一座炮塔被揭了顶，炮口指向天空，另一座歪歪扭扭，炮筒指向水面。不可一世的巨舰成了千疮百孔的废船，海水大量涌进底舱，舰身开始下沉。10时许，大浪涌上了主甲板，15分钟后，舰上最后一门炮沉默了。巨舰气息奄奄地摇摆于汹涌的波峰浪谷之间。

10时25分，"多塞特郡"号巡洋舰先向"俾斯麦"号右舷射了两条鱼雷，然后绕到左舷又射了一条，巨舰上的德国官兵纷纷跳海逃生。

10时36分，"俾斯麦"号连同它桅杆上飘扬的纳粹旗以及吕特晏斯、林德曼为首的1490名官兵（全舰共1600人）一同被北大西洋冰冷的波涛所吞没，被寄予厚望的巨舰仅仅参加2次战斗即告殒命，也算创了世界巨舰征战历史的奇迹。

为赢得这一时刻，英舰历时3昼夜，共追逐了1750海里，动用了2艘航母、7艘战列舰和战列巡洋舰、几十艘巡洋舰和驱逐舰、数十架舰载机和岸基飞机，耗掉鱼雷90多条（含35条舰射雷）、炮弹2900发（含355毫米和406毫米重磅弹700多发），最终灭掉了这个凶狠的海上杀手，为"胡德"号报了仇。

"铁血巨舰"真正领教了铁和血的滋味。

【点评】运用于不义战争的武器，即使威力再强大，也终将遭到毁灭。"俾斯麦"号战列舰虽被誉为"不沉的海上堡垒"，最终被英国摧毁。

"伯克"级驱逐舰：世界上最先进的导弹驱逐舰

该级首艘"伯克"号于1988年12月开工，1989年9月下水，1991年7月完工服役。满载排水量8315吨，全长153.8米，宽20.4米，吃水6.3米，与"提康德罗加"级一样采用4台美国通用电气公司生产的"LM-2500"型燃气轮机做动力，航速可达32节。20节时的续航力为4400海里，舰上有舰员303名（其中军

"伯克"级导弹驱逐舰

官23名）。该级舰计划建造49艘，按每年建造3~4艘的速度。

"伯克"级导弹驱逐舰的电子设备除了"宙斯盾"系统的AN/SPY-1D型多功能相控阵雷达外，还有3部AN/SPG-62目标照射雷达，用于为"标准"防空导弹提供制导，还有导航雷达、卫星通信设备、电子战系统等。声呐装备则有探测距离达130公里的AN/SQR-19拖曳线列阵声呐，最大作用距离为56~65公里的AN/SQS-53C球首声呐。

与"提康德罗加"导弹巡洋舰一样，"伯克"级导弹驱逐舰采用了MK-41型导弹垂直发射系统，可以发射"战斧"巡航导弹、"标准"中程防空导弹、"阿斯洛克"反潜导弹，"战斧"导弹是第一次被装备在驱逐舰上，也使"伯克"级驱逐舰成为第一种具有远程对地攻

击能力的导弹驱逐舰。全舰共有两组导弹垂直发射装置，首组 29 个单元，尾组 61 个单元，全舰共有 90 个发射单元。舰上的备弹方案可根据任务的不同有很大的灵活性。在尾组发射装置的前方，还有 2 座四联装"鱼叉"反舰导弹发射装置。在舰首首组垂直发射装置的前方，有一门 MK－45 型单管 127 毫米全自动舰炮，在军舰上层建筑的前、后端各装有"密集阵"6 管 20 毫米自动炮一座，在舰的后部两舷分别设有一座 MK－32 型三联装 324 毫米反潜鱼雷发射管，舰尾有一个直升机平台，虽然舰上没有机库，但平台可以为两架直升机加油和装弹。

该舰主要承担海上编队的防空、反潜任务，利用其"宙斯盾"系统和"标准"防空导弹可同时攻击 12 个空中目标，可为航空母舰特混舰队、水面舰艇编队、两栖编队和海上补给编队提供有效的对空防御。舰上装备的"战斧"导弹则让"伯克"级具有远距离对岸攻击能力，可以攻击 1000 余公里以外的敌岸上目标，用于反舰时可攻击 460 公里远的敌水面舰艇。

"伯克"级导弹驱逐舰的尖端之处在于，在设计时从四个方面着手提高舰艇的生命力。

第一个方面是注重舰艇的隐身设计。压低军舰上层建筑的高度，尽量减少上层建筑的总长度，以减少雷达反射面积；舰体和上层建筑基本上都做成倾斜面，使来自对方的雷达信号形成散射，较大幅度地减弱雷达回波信号，提高本舰对雷达的隐身效果；对红外探测的隐身，则采用了在烟囱的排烟管末端设置冷却排烟温的红外抑制装置，降低排烟温度，从而抑制红外信号辐射，降低对方红外探测装置和红外制导装置发现军舰的概率；采用机舱降噪措施，大幅度地降低了军舰的噪声。使声自导鱼雷和声呐探测装置的探测概率大大降低。

第二个方面是提高作战系统的生命力。"伯克"级采用了分布式的作战指挥系统，是美国海军第一种采用分布式作战指挥系统的军舰。所谓分布式作战指挥系统，是在计算机总线连接下的分布在不同地点的多部计算机统一组成的作战指挥系统，损坏一部分，只能影响作战指挥系统的部分功能，这样就避免了由于一次被击中而导致全舰作战指挥机能的丧失，使一次命中仅限于局部受损。"伯克"级导弹驱逐舰还首次把作战指挥中心从美国传统的舰桥内移到了水线以下的舰体内，周围还以通道相围，更增加了作战指挥中心的安全性。

第三个方面是提高军舰的三防能力。"伯克"级导弹驱逐舰是美国海军首次在全舰装备防护核、生物和化学武器的过滤通风系统，所有的出入口都装有双重的门或盖，除机舱以外的生活和工作舱都作为密闭的增压舱，舱内的气压高于外界气压，使外界的污染空气无法透过门或盖的缝隙进入舱内。全舰除了烟囱用铝合金外，其余全部使用钢结构，能抵御核武器爆炸时的冲击波的超压。电子设备都经过了加固，提高了抗电磁脉冲的能力，能够在核爆炸的环境下正常工作。

第四个方面是加强装甲防护能力，"伯克"级的作战指挥中心、计算机舱、弹药库等要害舱室使用了"凯芜拉"纤维制成的轻型复合材料装甲。所有的重要系统、设备都进行了抗冲击加固，使之能够经受水下和空中爆炸的冲击。为防止火灾的蔓延，在防火的钢质隔壁上敷有特种防火陶瓷材料。

美国海军在设计"伯克"级导弹驱逐舰时，采用了苏联海军经常采用的宽短船型，加大军舰的宽度，使"伯克"级的适航性能、抗风浪稳性和机动性有了极大的改善，能在相当恶劣的海情下保持高速稳定的航行，给舰载武器提供一个良好的发射平台。

作为世界第三代导弹驱逐舰的代表舰，"伯克"级集当今高技术之大成，集中了现代最先进的造船、电子、动力等方面的最新成果，是当今世界上最先进的导弹驱逐舰。但"伯克"级导弹驱逐舰在设计过程中，为在严格控制造价的前提下完成主要任务——编队防空，牺牲了区域反潜能力，它虽然有一流的对潜探测能力，但却没有远距离攻击敌潜艇的能力。这不能不说是"伯克"级导弹驱逐舰的一个很大的遗憾。正因为如此，从"伯克"级第 29 艘开始，便在尾部设置了两个相邻的直升机库，可以搭载 2 架反潜直升机，排水量也增加到了

9217 吨，其造价也高达 8 亿美元以上。

【点评】"伯克"级导弹驱逐舰是为更替第一代导弹驱逐舰和加强海上编队防空时的抗"饱和攻击"能力而研制的，是继"提康德罗加"级巡洋舰后又一种装备有"宙斯盾"系统的战舰。作为世界第三代导弹驱逐舰的代表舰，"伯克"级集当今高技术之大成，集中了现代最先进的造船、电子、动力等方面的最新成果，是当今世界上最先进的导弹驱逐舰。

"大和"号战列舰：它的覆灭代表着坚甲利炮时代的终结

"大和"号由日本吴港海军工厂建造，于 1937 年 11 月 4 日动工，1940 年 8 月 8 日下水，1941 年 12 月 16 日竣工服役，建造时间长达 4 年。

"大和"号充分体现了"坚甲利炮"的设计思想，而且将其发展到了极致。它全长 263 米，宽 38.9 米，标准排水量 64000 吨，满载排水量 72809 吨。在世界战列舰中高居第一，几乎相当于一般战列舰的 2 倍（排在第 2 档次的德国战列舰"俾斯麦"号、"提尔皮茨"号为

"大和"号战列舰

标准排水量43600吨）。舰上火力甚强，配置有三联装460毫米口径巨炮3座，舰上可停放6架水上侦察机。其防护能力也相当惊人，号称有"三厚"装甲，其中舰体装甲厚200～410毫米；炮塔装甲厚560毫米；全舰舱室分隔成1147个水密隔舱，具有很好的防沉性。它的最大航速27节，续航力7200海里/16节。

这艘耗尽了日本海军工程设计和建造人员心血的巨舰，堪称是世界战列舰的精品之作，日本海军深为它骄傲，特用日本民族的族名"大和"命名。

"大和"号降生后，足足赋闲了半年之久才出山。1942年2月，联合舰队总司令山本五十六大将将"大和"号升格为自己的旗舰。5月29日，"大和"号作为山本的旗舰首次出战，指挥日本海军舰队进袭美军基地中途岛，并伺机与美航母编队决战。不料偷鸡不成反蚀把米，海军航母主力几乎全军覆没。"大和"号出师不利，它自身"隔岸观火"未伤皮毛，但却染得一身秽气，可谓威风凛凛而去，狼狈不堪而回。此后，当瓜岛争夺战激烈之时，"大和"号又南下助威，但仍毫无建树而归。接下来在莱特湾一战，它被推上前台，与美军航母编队展开了一场坚甲对航母的恶战，但却未占到任何便宜，反而损兵折将，自己也受了伤。

随着战事的发展，1945年美军加快进攻步伐，并成功地登上了冲绳岛，万般无奈之下，日本海军部决定利用以"大和"号为首的日本舰队的残余部分和海上自杀快艇等，对美舰队实施决死攻击。

4月6日，"大和"号的桅杆上升起了舰队司令伊藤整一的将旗。16时，"大和"号战列舰、"矢矧"号轻巡洋舰以及8艘驱逐舰组成的海上特攻队，驶出军港，向冲绳岛海面进发。这实际上是一场有去无回的自杀战，"大和"号上的油料只够航行到冲绳岛，而且整个舰队没有飞机护航，根本就无法返回。

4月7日，美军发现日舰队后，就派出280架飞机，向"大和"号为首的日本舰队猛扑过去，狂轰滥炸。没有空中保护的"大和"号只好利用舰上的火炮还击，各舰的炮火也一齐射向天空。但美机在这密集的火力网外勇敢地向下俯冲，一枚枚炸弹、一条条鱼雷倾泻下来。"大和"号这艘"永不沉没的巨舰"成了美机争食的猎物。"大和"号像一匹受惊的野马，不停地转向，躲避着鱼雷。12点45分，"大和"号左舷中了第一条鱼雷，接着尾部又中了两枚225公斤的炸弹。13时37分，第二攻击波的美机又出现了，巨大的轰鸣声使日军心惊肉跳。100余架飞机把"大和"号作为攻击目标，猛烈地攻击，"大和"号又中弹数枚，巨大的舰体在不断地颤抖。13时47分左右，又有3条鱼雷击中了"大和"号左舷，大量海水不断涌入舱内，舰体已开始左倾。经过这两个回合的轰炸，"大和"号上的机关炮一门接一门地被摧毁，"大和"号的防空能力锐减。

第二攻击波的飞机刚刚飞走，第三攻击波的飞机就接踵而至。美机继续猛攻"大和"号，决心把这艘日本帝国引为自豪的超级巨舰送入海底。美机继续向"大和"号左舷投雷，3条鱼雷又准确地命中了左舷，舰体严重左倾。也许"大和"号气数已尽，这时一颗穿甲弹又击中了排水控制室，炸坏了全部调节阀门，使排水泵无法工作。待第四攻击波的美机飞到时，"大和"号只能任人宰割了，又有几条鱼雷和十几枚炸弹落在了"大和"号上，它的左舷又被炸开了一个大口子，海水不断涌入，使舰体倾斜到了20°。这时，"大和"号这艘威风凛凛的巨舰已被炸得体无完肤，坚固的装甲并没有抵挡住美机的猛烈轰炸，舰上炮塔倒塌、甲板翻起，到处是炸飞的尸体，满舰是鲜红的血迹，令人惨不忍睹。

14时20分，"大和"号倾斜已越来越严重，横倾已近80°，甲板已快与海面垂直了，这时460毫米火炮的炮弹从炮膛中滑落下来，穿过弹药舱甲板，撞到舱壁上，弹药库被引爆，剧烈的爆炸把"大和"号拦腰炸断，冲天的大火腾空而起，烧红了半边天。20秒后，又一次大爆炸，把"大和"号送入了太平洋的海底，时间为1945年4月7日14时23分。这艘日本帝国倍加推崇的巨型战舰，曾因其坚甲利炮而显赫一时，成为"帝国宠儿"，但"大和"号枉担此名，在太平洋战争中并未建立卓著的战功，就在美航空母舰舰载机的攻击下，匆匆走完了它的一生。

【点评】"大和"号战列舰是一艘声名赫赫的日本战列舰，它曾以吨位最大、装甲最厚、火力最强三大特长，占据了世界头号战列舰的宝座，历史上公认它是"坚甲巨炮"的海军装备思想发展到顶峰的产物。"大和"号的覆灭代表着一个时代的终结。

"戴高乐"号航空母舰：法国海军的骄傲

2000 年 9 月中旬，随着排水量为 40000 吨的"戴高乐"号航空母舰的正式服役，法国成为世界上第二个拥有核动力航母的国家。同时，曾参与科索沃战争的法军航母"福熙"号将退出现役，并将"远嫁"巴西，加入巴海军序列。届时"戴高乐"号成为法国海军新的象征，因而备受瞩目。

"戴高乐"号航空母舰是法国海军第一艘核动力中型航空母舰。1983 年 5 月开工建造，1994 年下水，2000 年 9 月正式服役。该航母长 261.5 米，宽 31.5 米，飞行甲板最宽 64.4 米，吃水 8.5 米，标准排水量 35500 吨，满载排水量 39680 吨，2 座核反应堆，8.3 万马力，航速 27 节，核反应堆加一次燃料可工作 5 年以上。全员编制 1700 人，其中舰员 1150 人，航空人员 550 人。舰上可搭载法国新型"阵风"M 型战斗机、"超军旗"攻击机、E－2C 预警机等各种舰载机 40 架。武器装备有：4 座 8 单元发射"紫菀"－15 导弹的"瑟弗莱尔"垂直发射系统，2 座 6 联装"萨德尔"近程防空导弹发射架，8 门 20 毫米防空机炮、4 座 8 联装 AMBL2A"达盖"干扰物发射架。电子设备有"阿拉贝尔"火控雷达、"塞尼特"8 海军战术数据系统和 16 号数据链。

"戴高乐"号作为高技术整合的产物，不论是在作战单元、平衡装备，还是核动力系统、预警设置等，都具有十分先进的性能，可谓名副其实的"海上骁将"。

　　与美国核动力航母相比，"戴高乐"号要小得多。以美海军"尼米兹"级航母为例，其排水量为90000吨，可搭载70架飞机（比例为每1300吨一架）。而"戴高乐"号排水量40000吨，可搭载飞机40架（相当于每1000吨一架）。但在性能上，"戴高乐"号却更胜一一筹。同时，"戴高乐"号由于体积较小，转弯半径也较小。航母上装配有计算机控制的新型平衡系统以用来限制飞行甲板的晃动，该装置可使5～6级大浪时对船体平衡的影响减半。在水线以下，有4个可快速启动的稳定装置作用于相连的船舵，能使航母以20节的速度转弯时仍保持船体的水平状态。

　　"戴高乐"号具有强劲的核动力"心脏"，两个新型核反应堆可提供足够的能量驱动弹射装置和4个16兆瓦的螺旋桨，为航母提供了27节的最高时速，使其航行距离达到每日1000公里。选择运用核能是由于核能燃料的价格较常规燃料低。虽然核动力推进装置极具优势，它能使航母在无须靠岸补给的情况下连续航行45天，但使用核动力意味着海军要承担昂贵的维护费用。安全方面的要求也是十分严峻的问题，有许多国家禁止核动力舰船在其港口停泊。

"戴高乐"号航空母舰

"戴高乐"号航母的舰载早期预警力量是由三架 E-2C "鹰眼"预警机构成，其中有两架已交付使用，另一架于 2003 年开始服役。在将 E-2C 配置到"戴高乐"号上之前的预先准备阶段，法海军对该机在最差条件下着陆的想法进行了模拟：飞机以最大重量着陆，只钩到三道拦阻钢索的最后一根，结果着陆"失败"。结果证明，"鹰眼"会卡在斜角甲板的末端，不能转弯，也不能用牵引车拖出跑道。将其清出跑道要耽误 30 分钟的时间，同时其他飞机还要耗费燃料在甲板上顺次挪位，这是难以接受的。因此，法国海军又花费 4 千万法郎将甲板加长了 4.4 米（14 英尺）。

"戴高乐"号航母在服役之前的近两年时间里，接受了多次测试，每一套系统都经历了超过 40000 公里的测试。2002 年 7 月，又对其进行运用作战飞机、武器装备和所有系统满负荷运行的进一步测试。2002 年 9 月，随着"戴高乐"号航母的正式服役，法国也将踏上海上核武装之路，这必将使欧洲的海上潜力大大增强，也会对全球安全格局产生新的影响。

【点评】"戴高乐"号航空母舰是一艘隶属于法国海军的核动力航空母舰，除了是法国目前正在操作中的唯一一艘航空母舰外，也是法国海军的旗舰。正式成立于 2001 年 5 月 18 日，"戴高乐"号是法国史上拥有的第十艘航空母舰。它是有史以来第一艘也是唯一一艘不属于美国海军的核动力航空母舰。

"第乌"级护卫舰：雷达竟视而不见

外国媒体报道说，印度海军正在研制新型隐身战舰。这种战舰被称为"第乌"级隐身护卫舰，首只舰的建造工作于 1999 年开始，于 2004 年服役，计划建造 3 艘。

根据承建商公布的材料，"第乌"级护卫舰以保护海上交通线和反水面舰艇为主，它们将取代印度海军现有的 4 艘"戈达瓦里"级护卫舰。"第乌"级满载排水量 2507 吨，舰长 75.4 米，舰宽 11.9 米，吃水 3.2 米，最大航速 34 节，续航力 3500 海里，自持力 24 天，乘员 114 人。动力装置采用柴燃联合动力方式，主机为乌克兰生产的 AM - 50 燃气轮机，总功率 54000 马力。

从蓝图上看，该级舰的外观设计与法国"拉斐特"级护卫舰大同小异。它采用流线型隐身设计，主舰体横截面为 V 型，上层建筑外壁设计成向内倾斜 8°，呈堡垒状封闭式结构。舰上暴露的各个部位大多由倾斜的多面体组成，在脆弱部位安装有装甲钢板以加强防护性。"第乌"级舰体上将广泛使用对雷达波有吸收作用的吸波涂料，据称它可使该级舰的雷达反射面积比普通护卫舰减小 40%。此外，由于采取了相关措施，该级舰的声隐身和红外隐身能力也有了大幅度的提高。为减小声信号特征，它在动力区使用了低噪声机械、隔音基座、减振支座和隔音涂层，在龙骨和螺旋桨处采用气幕降噪系统。"第乌"级在外倾式烟囱上开设栅栏式排烟孔，以分散热红外传播源。

"第乌"级的舰载武器可谓超负荷。布置在舰艏的 100 毫米 AK - 100 炮，在 100 毫米炮与舰桥前甲板室之间是 SA - N - 9 舰空导弹发射装置。此外，该级舰在舰尾上层建筑上部两侧各装有一套 AK - 630 近程防空火炮系统，每套系统由 1 门 6 管 30 毫米加特林炮和一部火控雷达组成。由俄罗斯研制的 SS - N - 25 反舰导弹是"第乌"级的核心装备，该导弹全长 3.75 米，发射重量 480 公斤，使用涡扇发动机，有效射程 5 ~ 130 公里，飞行速度 0.9 马赫，终端攻击的飞行高度在 5 ~ 10 米。"第乌"级在舷侧还装有 2 套意大利制造的三联装鱼雷发射管，用于发射 A244 型 324 毫米反潜鱼雷。印度海军准备为该级舰提供国产 ALH 轻型直升机或卡 - 28 直升机。

"第乌"级护卫舰设有计算机控制中心，对动力装置、电站、减摇系统、三防系统和损害管制系统实行集中控制。"第乌"级的指挥中枢为印度国产 IPN 集中式作战指挥系统，可以同时监视 350 个海空目标。舰上探测设备有荷兰信号公司的 LW－08 型 D 波段对空搜索雷达，MR－755 "顶盘" F 波段三坐标对海/对空搜索雷达，2 部 "棕榈叶" I 波段导航雷达等。其中 MR－755 "顶盘" 雷达装于主桅顶部，能在 130 公里距离上发现雷达反射面积为 7 平方米的目标，在 30 公里距离上发现雷达反射面积为 0.05 平方米的目标，具有同时跟踪 20 个空中目标的能力。"第乌" 级护卫舰上还有 3 套 PK－2 诱饵投放系统，这种双管发射装置从甲板下自动装填，可以发射雷达、红外和可见光3 种诱饵弹。舰载声呐为印度巴拉特公司生产的 APSOH 中频舰壳声呐，能够同时跟踪 15 个水下目标，可以在浅水区以及恶劣海况下工作。

【点评】"第乌" 级护卫舰是印度海军正在研制的新型隐身战舰。因该舰体广泛使用吸波涂料，对雷达波的吸收作用很强，达到很好的隐身效果。加上，采取了大量降噪技术和措施，声隐身和红外隐身能力很强，竟使雷达 "视而不见"。

"俄亥俄" 级核潜艇：水下核基地

"俄亥俄" 级弹道导弹核潜艇是美国历史上最大的潜艇，它水上排水量 16600 吨，水下排水量为 18750 吨，全长 170.7 米，宽 12.8 米，吃水 11.1 米，艇上装有一台 S8G 型自然循环压水式核反应堆，两台蒸汽轮机，总功率 6 万马力，水面航速 18 节，水下航速 25 节，艇员 155 人。而在 "俄亥俄" 以前的美国最大的弹道导弹核潜艇的排水量也只不过 8250 吨（水下），比 "俄亥俄" 级小了一倍。由于 "俄亥俄" 级技术比以往的美国核潜艇要复杂得多。在建造过程中遇到了不少技术难题，使得原定的工期不断延误。从 1976 年 4 月开工后，一直到 1981 年 11 月才告完工，一艘潜艇建造 5 年之久，可见其难度之大。

"俄亥俄" 级弹道导弹核潜艇是美国海军专为装载 "三叉戟" 式

弹道导弹而建造的。"三叉戟"式弹道导弹是美国的第三代潜艇发射的弹道导弹。与前两代相比，"三叉戟"射程大，命中精度高，突防能力强。"三叉戟"式导弹有C－4和D－5两种型号，C－4导弹全长10.39米，直径1.88米，全重29.6吨，导弹采用三级固体燃料火箭发动机，最大射程7400公里，装有8个10万吨级当量的分导式核弹头，命中精度为450米；而D－5导弹全长13.42米，直径2.11米，导弹全重59吨，也采用了三级固体燃料火箭发动机，最大射程达到了11000公里，导弹携带12个威力为10万吨当量的分导式弹头，命中精度比C－4有大幅度提高，达到了90米。在"俄亥俄"级弹道导弹核潜艇的前八艘上装备的是C－4导弹，而在该级后十艘上则装备了D－5导弹。

弹道导弹核潜艇平时的主要任务是潜伏于水下，到战时接到命令，就向敌方发起核攻击。因此，并不要求它有很强的反舰和反潜能力，只要求它有一定的自卫能力，能够保证自己的行动安全，保证战时能够顺利发射出导弹。所以，在武器设置上，"俄亥俄"级只配备了少量的用于自卫的反潜鱼雷。艇上有四个533毫米鱼雷发射管，可以发射MK－48型反潜鱼雷，为潜艇提供基本的自卫能力。其主要武器还是艇上携带的24枚"三叉戟"导弹。

"俄亥俄"级核潜艇

为了保证在茫茫大洋中安全巡航而不被敌方发现，"俄亥俄"级在隐身降噪上也下了不少功夫。动力系统使用的S8G核反应堆采用自然循环原理，在低速航行时，不使用主循环泵，大大降低了动力系统的噪声。艇上的各种设备普遍采用了吸声材料和双层减震器，辅机采用了低噪声设备，在艇体的外壳上涂上了一层消音涂层，大大地减轻了自身噪声和对外界声波的反射，使"俄亥俄"级潜艇的噪声水平比以往的弹道导弹核潜艇大大下降。

每一艘"俄亥俄"级弹道导弹核潜艇都有两组艇员，分别叫做"蓝组"和"金组"，每组都有自己的艇长和全部的官兵编制人数。当其中一组出海巡航时，另一组就在港内进行休整、训练、进修，为下一次巡航作准备。"俄亥俄"级弹道导弹核潜艇的戒备率为66.6%，也就是说，有2/3的潜艇在巡逻区进行巡航，这比以往的老式弹道导弹核潜艇也高出许多。这主要是因为"三叉戟"导弹射程大，可以把"俄亥俄"级的巡逻区设在离美国海岸较近的地方，不仅缩短了潜艇进出巡逻区的时间，使潜艇在巡逻区巡逻的时间大大增加，也使美国海军可以把"俄亥俄"级的巡逻区置于自己海空兵力的保护之下，使"俄亥俄"级的安全系数大为提高。

在"俄亥俄"级为期70天的巡逻过程中，除了往返于基地的几天外，大部分时间是在水下按规定的区域进行巡逻，艇上的生活可以说是枯燥无味。为了保证潜艇艇员的体力不至于下降，保持战斗力，艇上装备了许多高档的生活设施，携带了大量的食物，还有一些锻炼器械和电影录像等文体用品。巡逻中，艇上的通信人员时刻不断地接收来自总部的指令，一旦接到"发射导弹"的命令，潜艇立即把深度调整到30米左右，打开发射筒盖，发射出导弹。

"俄亥俄"级弹道导弹核潜艇服役后，美国海军逐渐将旧型号的弹道导弹核潜艇退役，只保留"俄亥俄"级Ⅰ型服役。冷战结束后的1992年，美国和俄罗斯达成了《第二阶段削减战略武器条约》。条约规定：到2003年，美国海军最多拥有14艘"俄亥俄"级弹道导弹核潜艇。每艘装备 24 枚 D - 5 型的"三叉戟"战略导弹，总共有 1750 个核弹头。这样，美国海军的前八艘装备 C - 4 型"三叉戟"导弹的"俄亥俄"级潜艇中的四艘已于 2003 年前换装 D - 5 导弹，而另外四艘则将被改装为特种作战潜艇或巡航导弹潜艇，其中特种作战潜艇每艘可运载 4 个陆战队侦察连，主要执行隐蔽侦察、秘密渗透、敌后袭扰等特种作战任务；巡航导弹潜艇则把艇上原有的 21 个弹道导弹发射筒改装为可载 162 枚对地攻击型"战斧"巡航导弹的发射装置，使之具有很强的对地攻击能力。

【点评】"俄亥俄"级弹道导弹核潜艇是美国历史上最大的潜艇，是美国海军专为装载"三叉戟"式弹道导弹而建造的。为了保证在茫茫大洋中安全巡航而不被敌方发现，它在隐身降噪上也下了不少功夫。它不要求有很强的反舰和反潜能力，只要求有一定的自卫能力，能够保证自己的行动安全，保证战时能够顺利发射出导弹。

"福熙"号航空母舰：法国航母改嫁巴西

2000 年 11 月 15 日，停靠在法国西部布雷斯特港内的"福熙"号

"福熙"号航空母舰

航空母舰上，法国国旗和法国海军的旗帜缓缓降下，巴西国旗和巴西海军的旗帜迎风升起。从这一天起，法国海军的骄傲——"福熙"号航母，隐入了历史的深处。但是，这个钢铁庞然大物却并未从大洋上消失——更名为"圣保罗"号的它，经过改装后，将加入巴西海军现役，继续在大洋上驰骋。

"福熙"号航空母舰1963年加入法国海军现役，乘员2200人。可搭载近40架作战飞机，其中包括18架"超级军旗"攻击/截击机、2架"大黄蜂"攻击机以及2架"海豚"型救援/联络直升机。该舰全长265米，宽31.72米，高51.2米，吃水深度7.5米，满载排水量3.28万吨，最大航速32节。舰上斜向飞行跑道长165.5米、宽29.5米，轴向飞行跑道长93米、宽28米，分别装备有一座蒸汽弹射器，是法国服役年限较长的一艘比较陈旧的航母。

此时此刻，留在"福熙"号上进行最后交接的50名法军官兵，并不十分伤感。一来他们早有思想准备，与"福熙"号告别只不过是时间早晚的事情。去年上半年，法国和巴西就出售"福熙"号一事展开了高级别官员的会谈，经过一年多的谈判，双方于今年8月中旬达成了将"福熙"号以"不到3亿法郎"（约合4200万美元）的价格卖给巴西的协议，并定于11月中旬正式进行移交。二来他们又有了一艘崭新的"夏尔·戴高乐"号航空母舰，而且还是核动力的，已经服役37年的"福熙"号无论从哪个方面来看，都显得相形见绌了……大概这也就是为什么在最终交接时，"福熙"号的价码又降到了1049万美元的缘故吧。

航空母舰在第二次世界大战之前一直处于试验阶段，直到日本海军首先使用航母舰载机对英国、荷兰驻东南亚和美国驻西太平洋的海军部队进行了灾难性的打击后，航母才走入战争舞台的聚光灯下。到1942年，航空母舰以其强大的火力、灵活的机动性和无与伦比的攻击速度，已经取代战列舰成为一支现代舰队的核心部分。"二战"期间，航空母舰在遂行攻击海上或近岸目标任务时已变得不可或缺，其中有两场大海战（珊瑚海海战和中途岛海战）完全是彼此的航母舰载机在交战，双方舰队都未进入对方舰炮的射程之内。在与日军的逐岛争夺战中，美国海军的"艾塞克斯"级航母每每都充当了打头阵的角色。

1960年，随着美国海军核动力航空母舰"企业"号的下水，航母设计制造的新时代开始了。核动力航母由于具有长途航行而无须补充燃料的优点，备受各海军大国的青睐。1972年下水的美国海军"尼米兹"号核动力航空母舰，是迄今为止仍在服役的最大的水面舰艇。

冷战期间，面对导弹核武器的迅猛发展，目标过于明显的航母是否具有存在的必要性，一度颇为世人所怀疑。如今，冷战期间两个超级大国对峙的局面不复存在了，国际事务的矛盾与冲突更加具有多元化的特征，航母又不可否认地成为了一种"时尚"。海湾战争以来，历次有军事大国卷入的武装冲突，特别是所谓的"维持和平"、"恢复和平"行动中，都少不了航母这一"浮动的空军基地"的身影。

航母之所以重新成为"时尚"，一方面是因为西方大国越来越多地依靠游弋在公海的航母战斗群，来对"危机事件"作出迅速反应，航母继续扮演着"炮舰政策"图腾的角色。另一方面，21世纪是海洋世纪的观念已经深入人心，海洋意识的增强使得世界上几乎所有的濒海国家，都在加强自身的海空实力，捍卫自己的海洋权益，保卫自己的海洋资源。而航母战斗群作为海空力量的完美结合，自然成为海洋世纪的首选装备。

正是在这样一种大背景下，法国要淘汰掉老旧的"福煦"号，装备现代化的"夏尔·戴高乐"号，而巴西在多次改装购自英国的"米纳斯吉拉斯"号轻型航母的同时，积极寻求购买像"福煦"号这样的中型航母，并计划对其进行现代化改装，以适应当前及未来一段时间的需要。

法国和巴西在发展航母问题上，代表着两种思路：自研与外购。这两种思路各有利弊，但多多少少都会让人遭遇尴尬。究其缘由，无外乎航母"不是——盏省油的灯"。除非你像美国那样财大气粗，而

第三章 现代舰艇

且有着遍及全球的所谓"国家利益"要依靠航母去照顾，"成本核算"一下尚可接受。否则的话，自行研制航母有点"买得起马配不起鞍"的味道；而外购航母不但只能买些别人不要的货色，改装也是一笔不小的开销。

自 1986 年建造"夏尔·戴高乐"号航空母舰的第一块钢板切割成形开始算起，迄今法国已为此花费了 800 亿法郎（约合 112 亿美元）。但是，这只不过是航母本身，舰载机乃至组成战斗群的护卫舰艇的费用还没算在里面。此外，随着"克莱孟梭"号和"福熙"号相继退出现役，法国海军只剩下了"夏尔·戴高乐"号这唯一的一艘航空母舰，法国国内对是否应建造一艘"夏尔·戴高乐"号"姊妹舰"的争论又激烈起来。由于航母经常要处于保养维护状态，每 4 年最少也要有大约 8 个月不能出海，因此，法国军界已经开始对建造"夏尔·戴高乐"号"姊妹舰"的可行性进行论证与研究。

外购航母的巴西所遇到的尴尬与无奈，可能要更多一些。刚刚谈妥购买"福熙"号的合同，法国人就将"福熙"号开回土伦港，开始拆卸舰上的特种设备。这一工作完成后，巴西海军才能派人登上"福熙"号，与法国海军进行交接。巴西买来的"福熙"号，只是一个船壳子，自己还得花钱进行改装。可以肯定的一点是，"圣保罗"号上搭载的飞机不会是"超级军旗"，也不会是在"福熙"号上成功地进行过起降试验的海军型"阵风"战斗机，巴西人选用的是在阿根廷制造的美式 A-4"天鹰"战斗机。这是一种 20 世纪 50 年代就有的飞机，其性能与目前主力战斗机的差距可想而知。

巴西 20 世纪 50 年代购自英国的"米纳斯吉拉斯"号航母，更是经过了多次现代化改装，增加了斜向飞行甲板，装备了新的升降机、舰岛和飞行作战支援系统和电子设备。1994 年，又用"米斯特拉"防空导弹替代了 40 毫米口径高射炮，几乎是全换了一遍。由于没有合适的舰载固定翼飞机，该航母一直只能搭载直升机，目前计划与"圣保罗"号一起进行改装，搭载 A-4"天鹰"攻击机。

【点评】航母之所以重新成为"时尚",一方面是因为西方大国越来越多地依靠游弋在公海的航母战斗群,来对"危机事件"作出迅速反应,航母继续扮演着"炮舰政策"图腾的角色。另一方面,21世纪是海洋世纪的观念已经深入人心,海洋意识的增强使得世界上几乎所有的濒海国家,不仅是英国、法国、西班牙这样的发达国家,就连包括印度、巴西、泰国、韩国以及马来西亚这样的发展中国家,都在加强自身的海空实力,捍卫自己的海洋权益,保卫自己的海洋资源。而航母战斗群作为海空力量的完美结合,自然成为海洋世纪的首选装备。

"海狼"潜艇:21世纪美国海军的水下"王牌"

1989年,美国海军开工建造了一艘当今最现代化的核动力攻击潜艇"海狼"号,用来充当"水下猎手",搜索、攻击敌方核动力潜艇,保护己方海上运输线或航空母舰特混舰队,保证本国的领土和基地不受敌方潜艇发射的弹道导弹的攻击。

"海狼"是美国历史上最大的核动力攻击潜艇,它全长99.4米,宽12.9米,吃水10.9米,水下排水量高达9150吨。由于设计外形得

"海狼"潜艇

当，加上采用了功率高达 60000 马力的新型核动力装置，使"海狼"的机动性能大大提高，水下最大航速达 35 节以上，转弯半径也小于以往的美国核潜艇。"海狼"核潜艇作为一种反潜型潜艇，拥有许多反潜的"绝招"。

绝招之一：极佳的安静性。潜艇是一种依靠自己的隐蔽性作战的兵器，其噪声大小是直接关系生死的大事。"海狼"潜艇安装的是自然循环反应堆，利用自然循环原理去掉了循环泵这个主要的噪声源；采用了新式的电力传动方式，即蒸汽轮机带动发电机，发出电流驱动一个转数较低的电动机来带动螺旋桨工作，极大地降低了噪声；采用新型的"泵喷射推进器"代替螺旋桨，几乎完全消除了螺旋桨噪声；采用光滑的外形，加上敷设既能吸收敌方声呐的声波，又能把自身的噪声挡回去的消音瓦等技术措施把噪声水平大大降低了好几个数量级。据报道已经低于由于风浪、鱼群等产生的海洋背景噪声，使敌方极难发现。

绝招之二：精良的作战系统。"海狼"拥有美国最先进的主被动综合声呐，还拥有冰下探测声呐、探雷避雷声呐等。所有这些声呐的信号，都经过信号处理装置处理，使之更加清晰，更加易于辨认，然后再送到"神经中枢"——作战指挥和武器控制子系统。作战指挥和武器控制子系统包括显示敌我双方数量位置速度的显控台、标示双方运动轨迹的标图系统、控制武器发射的武器发射控制装置及干扰对方声呐工作的声对抗及电子战系统组成。它能够把目标信号从复杂的海洋噪声和干扰信号中分离出来，还能同时跟踪多个目标，并能同时控制几枚鱼雷或导弹攻击几个不同的目标。

"海狼"的作战系统采用了分布式计算机系统，如果一台计算机出现故障，另一台计算机可以自动接替工作，极大地增强了生存能力。同时，它还拥有先进的软件，这套软件能将艇上的各种声呐和其他探测装置收集到的信息综合为一体，并迅速做出分析，提供给指挥员。在需要攻击时，它会向指挥员提出应当使用的武器种类和数量；需要防御时，则向指挥员提供对抗措施和本艇的机动元素，成为名副其实的"神经中枢"。

绝招之三：强大的武器系统。"海狼"的武器系统从外表看只有8个鱼雷发射管，但这8个鱼雷发射管所能发射出来的武器却是多种多样，除了有 MK48－5（ADCAP）、MK50 两种鱼雷以外，还可以发射"海长矛"反潜导弹、"鱼叉"式反舰导弹、"战斧"式巡航导弹、MK60"捕手"式水雷等多种反潜、反舰乃至战略武器。"海狼"的8个鱼雷管中有6个依然是原先的533毫米口径，另两个则换成750毫米口径，用以对抗苏联的650毫米大型鱼雷发射管。与苏联海军不同，美国海军现在并没有装备大型鱼雷，750毫米大型鱼雷管主要是为未来的大型鱼雷做准备，同时，大型鱼雷管也仍然可以发射现有的533毫米鱼雷，而且可以采用鱼雷直接在管内启动的方式自航发射，可以减少发射噪声，增加发射时的隐蔽性。此外，"海狼"还在发射管后方装配了两套鱼雷自动装填装置，以便在发射后迅速装填，提高发射速度，它的武器装载量也由24枚增加到50枚，可以进行多次攻击任务。

由于"海狼"集现代化技术于一身，性能先进，所以一艘"海狼"的造价也是不菲，达到16.87亿美元。冷战结束后，美国国会决定在建造三艘"海狼"后，不再给"海狼"拨款，而另拨五亿美元用于研究低造价，性能好的新一代潜艇，来替代"海狼"。这样，"海狼"最终将只有区区三艘加入美国海军，它们将与新型潜艇一道成为21世纪美国海军潜艇部队的主力。

【点评】"海狼"核潜艇作为一种反潜型潜艇，被称为21世纪美国海军的水下"王牌"。当初发展"海狼"时，美国海军把它的代号定为"SSN－21"，即"21世纪核潜艇"。在"海狼"身上，集中了美国海军自20世纪80年代以来几乎所有的先进技术，除了速度快，机动性能好、作战效能高等特点外，还拥有许多反潜的"绝招"。

"红宝石"级核潜艇：世界上最小核潜艇

"红宝石"级核潜艇是迄今法国唯一一级攻击型核潜艇，也是世界核潜艇家族中最小的一级核潜艇，体现了法国人的独特思路。

早在 1950 年底，法国海军就提出拥有核动力攻击型潜艇的想法，可是由于极强的独立意识，不想依赖于美国的核动力装置，在建造中屡屡受挫，几次夭折。直至 1976 年，才正式开工建造法国海军史上第一艘核动力攻击潜艇——"红宝石"级。该级艇是诸多核动力推进技术的结晶，具有非常独特的性能。

"红宝石"级核动力攻击潜艇长 72 米、宽 7.6 米、吃水 6.4 米；水面排水量 2385 吨，水下排水量 2670 吨。如此小吨位、小尺寸的核动力攻击潜艇，在众多水下排水量 4500 吨以上的核动力攻击潜艇面前，真是茕茕子立，称得上是世界上最小的核动力攻击潜艇。它的水下航速 25 节，最大下潜深度 300 米，若仅考虑这些因素，显然要比一般核动力攻击潜艇略差一筹。然而，小艇也有小艇的优势。小艇可在活动空间小、情况复杂、声波传播条件差等海域更灵活自如地活动，

"红宝石"级核潜艇

大显身手。

"红宝石"级核潜艇最引人注目之处，大概要数 CAP 型压水堆了。这种小尺寸堆在设计上采用了"搭积木式"的一体化设计原理，即反应堆的压力壳、蒸汽发生器和主泵联结成一个统一的整体，反应堆的所有重要部件均是一个完整的组合体。这样，就使反应堆具有结构紧凑、系统简单、体积小、重量轻、便于安装调试、可提高轴功率等一系列优点，并且有助于在反应堆一回路间采用自然循环冷却方式，以降低潜艇的辐射噪声。而对核潜艇来说，主循环泵正是最重要的噪声源之一，它不仅发出强大的噪声，还消耗反应堆输出功率的 10% 左右。CAP 型反应堆可以保证潜艇的安静性。众所周知，核潜艇上的另一个重要噪声源是蒸汽轮机的齿轮减速器。一般核动力潜艇都采用蒸汽轮机作主机。而"红宝石"级则不然，它和美国核动力攻击潜艇洛杉矶相同，使用电力推进，即：使用蒸汽发生器—涡轮发电机—主推进电机—推进轴方式。这种不落俗套，可以追求降噪的做法，使得"红宝石"无论是安静性、还是隐蔽性均有所突破。

别看"红宝石"级核潜艇个头小，与常规动力潜艇差不多，但它的攻击能力却丝毫不比大型核潜艇逊色。一是"红宝石"级装备了先进的声呐和火控系统。艇艏的圆柱形换能器基阵和两个舷侧基阵构成 DSUV – 22 型综合声呐。它主要用于远程被动搜索、警戒，引导主动攻击声呐和被动测距声呐工作，以对目标进行精确定位和要素测定，具有多目标跟踪能力。沿艇体两侧各安装有 3 组贴艇式换能器基阵的 DUUX – 5 "菲温龙"型被动测距声呐，可实现全景搜索，能同时对 3 个辐射噪声源进行方位距离测定和自动跟踪，并能对敌舰主动声呐信号和鱼雷自导头声呐脉冲信号进行侦察，测定其频率、方位、距离。DUUA – 2A/B 型综合声呐站，分别在艇艏、艇艉安装有换能器基阵，可在远程被动警戒声呐的引导下，以主动方式精确测定目标位置，并可进行被动听测、侦察、水下噪声通信、测深等。二是艇上还装备有两部具有热成像、激光测距功能的潜望镜和若干部雷达。由这些传感器得到的信息被源源不断地送到火控系统进行分析处理，并在此基础上，在屏幕上显示被测到的目标和战术态势，作出威胁判断，指定攻击目标，计算被指定目标的数据，选择合适的武器，给出本艇占领攻击阵位的机动要素，最后完成武器的自动发射。

"红宝石"潜艇艇艏装有4具533毫米鱼雷发射管，可携载、发射法国海军最新型的线导鱼雷F17P和声导反舰、反潜通用Ⅳ型鱼雷等，由于发射管的再装填速度很快，所以，可在短时间内对多个目标实施连续打击。先进的发射系统还能使潜艇在发射武器时不受航速和深度的限制，从而给潜艇提供了极大的战术灵活性。该级艇还装载了闻名遐迩的"飞鱼"SM–39潜艇导弹，其射程50公里，并可从水下隐蔽发射，而后掠海飞行，对敌舰实施突然袭击。据报道，法国海军拟选用美国的"沙布洛克"反潜导弹，以增加该艇的反潜能力。如果这些武器方案都能如愿以偿，"红宝石"就将具有多层次的反舰、反潜能力。此外，艇上可携带18枚鱼雷和导弹；一旦需要执行布雷任务，还可携带各种水雷。

法国海军原定建造8艘"红宝石"级核动力攻击潜艇，截止到1991年4月已建造5艘。从第5艘"紫宝石"号起，该艇进行了较大的改动，主尺度和排水量有所增加；水面排水量约2400吨，水下排水量约2700吨，艇长73.6米，吃水6.5米。但最大航速和最大下潜深度依然不变，仍为25节和300米。"紫宝石"的艇艏外形也与前4艘不一样，前4艘艇采用立柱艏，而后4艘则采用近似美国"大青花鱼"级的圆艏，呈水滴形。该艇绝大部分为单壳体结构，只是艏舱和艉舱采用了双壳体结构，指挥台围壳使用了复合材料，并装有围壳舵。艉部为十字形操纵面。

"基辅"级航空母舰："没落的贵族"

苏联"基辅"级航空母舰的对手是美国核动力弹道导弹潜艇。它的得意之作是舰上的武备较强：装有4座SS－N－12E舰对舰导弹、2座SA－N－3舰对空导弹、2座SA－N－4舰对空导弹、1座SUW－N－1反潜导弹，2座76毫米两用全自动火炮、8座30毫米6管全自动速射炮、2座12管RBU6000反潜火箭发射器、2座533毫米色雷发射装置。

"基辅"级航空母舰，是苏联海军在"莫斯科"级直升机航母之后设计建造的第二代航母。1970年7月，首艘"基辅"号开工建造，1975年5月完工服役，加入北方舰队。舰长273米，宽32.7米，满载

"基辅"级航空母舰

排水量 37100 吨，最大航速 32 节。采用的动力装置为 4 台蒸汽轮机，最大功率 20 万马力。"基辅"级由于采用了轻型航母通常采用的直通式平直飞行甲板设计，因此不能搭载常规起降的固定翼飞机。一般情况下，舰上搭载 12 架雅克－36"铁匠"垂直起落飞机和 16 架卡－25"激素"A 或卡－27"蜗牛"反潜直升机，3 架卡－25B 及 1 架雅克－36 教练机。

"基辅"级航母的第二舰"明斯克"号、第三舰"诺沃罗西斯克"号分别于 1978 年、1982 年服役加入太平洋舰队。这三艘姐妹舰面孔相似，改变不大。但 1988 年 6 月出现在地中海的老四"巴库"号却让人耳目一新。武器装备、电子设备和舰桥形状都推陈出新，顿时引起了西方海军的极大兴趣，正在地中海执勤的美国航母"艾森豪威尔"号立即派出侦察机，对"巴库"号的外貌及舰载机的情况进行了详细的摄影。1988 年 12 月底，"巴库"号从地中海驶入大西洋，北上加入北方舰队。这样，北方舰队和太平洋舰队平分秋色，各拥有两艘航母。

"巴库"号武备系统的较大改动包括：取消了旧式导弹发射架，改用 4 组新型的 SA－N－9 垂直发射的对空导弹系统，全舰的导弹总数达到 192 枚。全舰能在极短的时间内发射 24 枚 SA－N－9 防空导弹，极利于抗饱和攻击。舰艏部由原 4 座 SS－N－12 反舰导弹发射筒增至 6 座。这样就有 12 枚整装待发的远程反舰导弹。最大射程达到 550 公里，可携带核弹头和 1000 公斤的高能炸药，足以重创敌方的航母、巡洋舰等大型舰艇。同时，"巴库"号还增大了火炮口径，将其姐妹舰的 2 座双联 76 毫米火炮换成 2 座单管 100 毫米炮，100 毫米炮弹配用近炸引信后，可以对付 1 万米高度以内的来袭飞机和导弹。

"巴库"号航母的精致之处，还在于其岛式上层建筑的前后左右四壁上安装了 4 块 5 米多见方的正方形相控阵天线，并以 15°角向上斜置。这种雷达采用电子扫描，搜索目标的速度较快，同时跟踪几十甚至上百个目标都不成问题，能对付敌人大量反舰导弹的"饱和攻击"。

相控阵雷达的出现，标志着"巴库"号的防空能力有了空前飞跃，达到了国际一流的先进水平。

在岛式上层建筑两侧的中央部分，从上到下排列着电子战设备的天线罩，数量在十个以上。这是苏联舰艇上最先进、最齐全的电子战系统。历来苏联的电子战设备要比西方的复杂和完备得多。因为他们面临着西方各国舰艇、飞机、导弹和许多种类繁杂的雷达的探测。为了针锋相对，苏联海军不能不在电子战设备上下更大的力气。

苏联解体后，航空母舰已是"无可奈何花落去"。俄罗斯先是把役龄只有15年严重失修的"明斯克"号，按每吨160美元的价格作为废钢铁出售给中国，现在深圳被改建成水上军事展览馆。接着刚服役17年的"基辅"号航母，又遇到了同样的命运，已被拖到中国的天津港，最好的结局是和"明斯克"一样；"诺沃罗西斯克"号航母也不见得幸运，因为俄罗斯正在国外为它物色买主。这样，"基辅"级航空母舰就只剩下一艘"巴库"号，从1996年开始，俄与印度就该舰的买卖问题进行谈判，但印度方面最后表示无力购买该舰。俄海军司令部最近作出决定，将它改造为直升机母舰，并给它起了个新名字——"戈尔什科夫"号。

【点评】西方专家对"基辅"级航空母舰的武器装备有很高的评价："基辅"级航母的舰载武器攻击力相当于甚至超过巡洋舰的水平。所以，一些西方专家认为它是一种介于航母与巡洋舰之间的新舰型，贴切地称之为"鸟中的蝙蝠"。

"基洛" 636 型潜艇：为什么能长盛不衰

"基洛"级潜艇是苏联最后一级常规潜艇，也是俄罗斯最新的一级。"基洛"级潜艇是1974年以后由俄罗斯红宝石设计局设计的一型常规动力攻击型潜艇。"基洛"级潜艇1979年在共青城造船厂开工建

第三章 现代舰艇

153

造，1980 年下水，1981 年服役。该艇年生产率为 4 艘，一艘装备本国海军，三艘用于出口换汇。至今已建成 30 多艘，其中在俄罗斯海军服役的有 19 艘，印度有 8 艘，伊朗有 3 艘，阿尔巴尼亚 2 艘，波兰、罗马尼亚各 1 艘，中国 4 艘。

"基洛" 636 型潜艇

"基洛" 级潜艇水面排水量为 2400 吨，水下排水量为 3000 吨，艇长 73.8 米，宽 10 米，由基线到指挥台围壳顶盖的高度为 14.7 米，正常排水量时艇中部吃水 6.3 米，艇艏 6.6 米，最大下潜深度 300 米，工作深度 240 米，潜望深度 17.5 米，艇员 52 人，自持力 45 天。

"基洛" 级潜艇的动力装置采用两台柴油机，1 台推进电机和经航电机，螺旋桨为 7 叶低噪声桨，单轴装有两组蓄电池，每组 120 块，分别置于 1 舱和 3 舱，功率 2940 千瓦（约 4000 马力）。正常情况下水面航速 11 节，水下航速 18 节，最大可达到 20 节，续航力 400 海里（1 海里 = 1852 米）。

在电子设备方面，声呐设备为 MCK – 400 型，在被动工作方式下可提供全方位目标探测和跟踪；在主动工作方式下，能保持在航向角 130°。扇面内对目标进行测距，也可进行水声通信和水声侦察。用于潜艇导航和为鱼雷攻击提供精确数据的设备有航向指示器，航速，航程测量仪，艇位自动绘图仪，回声探测仪，无线电导航和无线电测向设备等。此外，还有用于对岸、对舰和对空通信的各种无线电设备。

"基洛" 级潜艇的武器主要是鱼雷，在艇艏装有 6 个鱼雷发射管，此外可携带 12 枚备用鱼雷，可进行快速装填作业，因此共有 18 枚鱼雷的作战能力。鱼雷可采用俄罗斯 T3T71M3 线导鱼雷，也可在潜望镜深度或工作深度发射其他型号鱼雷。如果作战任务不需要鱼雷，可换装24枚水雷，其中12枚置于发射管中，另12枚为备用雷。

近年来，由于各种原因，人们对柴电潜艇的兴趣大大增加。首先，发展中国家都致力于改善自己的海军兵力。据专家们统计，在新世纪的第一个十年中几十亿的潜艇合同已签订。这在世界武器市场上一石激起千层浪，俄罗斯正有效利用这种形势，而且，俄罗斯的"基洛"级柴电潜艇在许多参数上与国外的主要类似产品相比是有利的。考虑到各国军事干部的培训、水域情况、岸基保障设施，"基洛"级潜艇最适合于亚太地区、远东和拉丁美洲各国，特别是"基洛"级中的636型潜艇更是优点多多。

636型潜艇的特点是通用性。无论在潜水区、所谓的"绿色"水域、还是在开阔的海洋中，在任何气象条件下都能独立地在广泛的领域里完成各种作战任务。它们能长时间地远离岸基活动，每隔一个半月靠一次码头或用辅助船只补充燃油、食物等必备品以及人员换班。

636潜艇是低噪声的。保证可用本艇的被动声呐站先敌发现，有强大而有效的自动化武器，极高的可靠性和生命力指标，合理的自动化程度，艇员培训简单，这些性能对发展中国家是极为重要的。

至于机动性，"基洛"级潜艇是唯一有内装的备用推进器组合，它由设置在两舷的两个电动机和两个螺旋桨组成。备用推进器组不仅保证在通过狭窄水道和海湾时良好的机动性，而且保证自主地离靠码头，在受损情况下自主地返回基地。

此外，636型潜艇留有现代化改装设备，可随着新型武器和装备的发展而改装。

【点评】"基洛"636型潜艇的建造工艺和结构方案，使它能长时间保持在世界非核潜艇中的领先地位。考虑到各国军事干部的培训、水域情况、岸基保障设施，"基洛"级潜艇最适合于亚太地区、远东和拉丁美洲各国。

"库尔斯克"号核潜艇：葬身大海

2000 年 8 月 13 日，俄罗斯海军"库尔斯克"号多用途核潜艇在参加北方舰队演习过程中，失去了与指挥部的联系，沉没于深度为 102 米的巴伦支海海底。尽管俄进行了大量的救援工作，但最终无济于事，艇上人员全部遇难。

"库尔斯克"号核潜艇由俄罗斯北德文斯克造船厂制造，于 1994 年 5 月下水，1995 年 1 月加入现役，为"奥斯卡"Ⅱ级核潜艇，是俄罗斯海军最新舰艇之一。

"库尔斯克"号核潜艇船体长 154 米，宽 18.2 米，吃水 9 米，排水量 1.39 万吨，由两个核反应堆提供动力。深海行速可达 28 节，水面航行速度为 15 节。最大下潜深度为 300 米。续航能力为 120 天，乘员 107 人（其中 48 名军官）。

"库尔斯克"号可装备 24 枚 SS－N－19 导弹，携带 32 颗水雷，但

"库尔斯克"号核潜艇

没有核武器。该潜艇是俄罗斯海军迄今最现代化的大型多用途核潜艇之一，是专门用来攻击航空母舰的。

"库尔斯克"号潜艇失事的原因至今尚未搞清。专家认为，近期内，事件真相大白的可能性很小。与此同时，官方的军事专家已经做出了各种各样的分析和推测，目前有两种比较有说服力的原因：

一是潜艇发生碰撞，造成艇体损毁进水。根据官方宣布的消息，俄潜艇可能与外国潜艇相撞，英国潜艇的可能性较大。俄罗斯方面已经在失事附近海域发现了一些疑点。

二是潜艇发生爆炸，造成艇体损毁进水。据种种迹象分析，该潜艇沉没的直接原因可能是爆炸。俄海军很熟悉出事海域的海底地形和水文情况，俄舰艇导航设备性能先进，不可能触礁。到目前为止，还没有哪个国家承认与"库尔斯克"号发生过碰撞。美国称其附近的潜艇"听到了爆炸声"。俄救援人员还发现，潜艇前部严重损坏，1号舱、2号舱已经进水，这些都可能是爆炸所致。

究竟是何种原因导致潜艇沉没？只能等到潜艇被打捞上来后才能确定。在此之前的各种说法均是缺乏确凿证据的推测。

"库尔斯克"号沉没表面上看是操作或机械故障的原因所致，实际上背后有着深刻的内在原因。主要是：

第一，深刻的社会和政治矛盾，严重影响了俄军思想的统一。苏联解体后，其社会及政治上的严重混乱和尖锐矛盾也严重影响到军队，从高层到基层连队也随之陷入矛盾、斗争、彷徨和消沉的状态，直接影响到军队的统一和士气问题。

第二，严重的经济问题直接影响军队武器装备的发展。俄罗斯军队自1991年以来一直在同经济困难作斗争，而俄海军受到的影响最严重。一是海军的军费预算从16%减少到11%，致使近1000艘舰船不能服役；二是许多舰艇因缺少经费不能正常进行维修保养，事故隐患得不到及时排除。这次"库尔斯克"号沉没与这一因素大有关系。

第三，训练水平大幅下降，直接影响到武器装备运用和作战能力的提高。苏联解体后，受各种因素的综合影响，俄军训练水平急剧下降，空、海军的年度出动训练及演习次数与 20 世纪 80 年代相比仅占 1/3 以下。这不仅影响武器装备的操作与运用，更严重影响其作战能力。这次事故与训练水平不足应该有一定关系。

从上述分析可以得出，"库尔斯克"号沉没事故背后，隐藏着许多深刻的政治、经济与社会根源。这些问题如不从根本上解决，俄军的改革与发展将难以取得梅德韦杰夫所希望的成果。

【点评】"库尔斯克"号核潜艇沉没了，尽管俄进行了大量的救援工作，但最终无济于事，艇上人员全部遇难。其原因引人关注、众说纷纭。"库尔斯克"号沉没事故背后，隐藏着许多深刻的政治、经济与社会根源。

"库兹涅佐夫"号航空母舰：航母家族中孤独的"守门员"

作为苏联的第一艘大型核动力航空母舰，"库兹涅佐夫"号航母被认为是继"莫斯科"级和"基辅"级之后的第三代航母。1983 年在黑海之滨的尼古拉耶夫造船厂开工建造，1985 年 12 月该舰下水，1989 年试航，1991 年 1 月正式服役，北方舰队有幸编入了这艘重型航母。

"库兹涅佐夫"号舰长 304.5 米，飞行甲板最大宽度为 70 米，全舰上下共 27 层，约 3000 个舱室。满载排水量达到 67500 吨。舰形、动力装置、武器配置方案等方面变化不大，和第二代"基辅"级航母一脉相承，有着极深的"血缘"关系。"库兹涅佐夫"号航母也沿袭了苏联部署武器装备的一贯风格，配备了功能齐全、型号众多、数量庞大的舰载武器系统。

"库兹涅佐夫"号航母采用 12°滑梯式甲板，突破了航空母舰使用蒸汽弹射器的思路，堪称一项了不起的技术革命。美国在航母上使用

"库兹涅佐夫"号航空母舰

弹射器已有半个多世纪，但舰载机通过弹射器起飞不仅要冒 4～5 公斤的纵向过载，而且还有可能在风大浪高的恶劣气候下沿着伸向海里的甲板冲入大海，所以，所有舰载机飞行员在弹射起飞前心理压力都很大，非常紧张。苏联通过多年的研究和岸基试验，把思考的角度从航母平台转移到舰载机，通过加大舰载机的推力，实现超短距起飞，进而抛开弹射器，仅仅依靠一段倾斜的"滑跃"式飞行甲板，就可以像在陆地跑道上那样不依赖任何外力而"自主"起飞离舰。

"库兹涅佐夫"号航母可搭载 60 架各型飞机和直升机。其中包括苏 -25 攻击机、苏 -27 和米格 -29 战斗机、雅克 -38 垂直短距起落飞机及卡 -27 直升机等。苏 -27、米格 -29、苏 -25 等岸基飞机已经多次在"库兹涅佐夫"号上作过超短距起飞的成功试验。

1995 年 12 月 24 日，俄海军"库兹涅佐夫"号航母特混编队驶离莫尔茨克港，前往地中海进行为期百天的远航训练。作为冷战结束后重振俄罗斯的首次编队远航，编队随行舰船派出了包括"无畏"号导弹驱逐舰、"热情"号导弹护卫舰等舰船的最佳阵容。在地中海，编队进行了一系列战术训练，成功地完成了 30 多次导弹和舰炮射击，舰载航空兵完成了近 700 次飞行，完全恢复了"库兹涅佐夫"号航母舰载机的战斗准备状态。

俄海军舰艇编队的远航被西方新闻媒体广泛报道，反响强烈。无疑，"库兹涅佐夫"号核动力航母已成为俄罗斯海军的"龙头"装备。

由于受经济实力限制，1994年，由36个工业部、300多家工厂参与建造的第二舰"瓦良格"号航母在已经完工60%的情况下，忍痛向印度、澳大利亚等国寻求出售，据称当时报价只有3亿～4亿美元。处境更惨的是第三舰"乌里扬诺夫斯克"号，本来它是苏联海军下决心研制和建造的第一艘7万吨级超级核动力航空母舰。甚至传闻它将是苏联第四代新型航空母舰。可惜生不逢时，船体部分刚刚建造完毕，就不得不在黑海船厂拆除，作为废钢铁以每吨500美元的低价出售，仅获利1500万美元。

【点评】苏联解体后，第一、二代航母有数舰相继退役。目前看来，在2020年以前，俄罗斯将没有能力制造新的重型航空母舰。"库兹涅佐夫"号成为航母家庭中孤独的"守门员"，将独领风骚。

"拉菲特"级护卫舰：法国最具作战有效性的隐身护卫舰

1988年，法国海军造船局签署了3艘"拉菲特"级隐身护卫舰的订货合同。自此，其出口部已获得了建造14艘舰的订货合同，其中法国5艘，中国台湾6艘，沙特阿拉伯3艘。

"拉菲特"级护卫舰

"拉菲特"是一艘中型水面舰只,由法国 DCN 造船厂制造,排水量达 3600 吨,首艘已于 1994 年下水。

该级舰采取了一系列煞费苦心的隐身措施,它的造型线条简洁流畅,所有舰体过渡之处和设备的外形都采用倾斜角度圆滑过渡,而无一直角部位。舰长 125 米,舰宽 15.4 米,吃水 4 米。主舰体横截面为"V"形,上层建筑外壁设计成倾斜 10°,呈堡垒式气密结构。舰上暴露的各个部位大多由倾斜的多面体组成,几乎找不到一个垂直平面,桅杆采用围壁式的倾斜实体。舰上的一些外部设备一律隐蔽起来,舰上广泛涂敷对雷达波具有吸收作用的油漆涂料。以上种种措施的主要目的是为了减少雷达反射截面积。据称,该军舰在雷达屏幕上的图像与同吨位的传统军舰相比缩小了 85%,在某些情况下,军舰还会从雷达屏幕上完全消失,其雷达特征只相当于一艘 500 吨的沿海巡逻艇。在红外特征抑制方面,采用了特殊的低辐射涂层,用加厚保温套掩盖烟囱,降低烟雾和冷却废气。采用玻璃钢制作烟囱组件。在降低声信号特征方面,将主发动机装在减震托板上,采用气泡带式和往返空气流推进技术及"气幕"螺旋桨等。从而使该级舰的红外隐身和声隐身也有了大幅度提高。还安装了消磁系统,尽量降低磁信号特征。

为了增加其适航性,舰上装有一对减摇鳍和法国新研制的一套可使减摇鳍和舵同步工作的控制系统,其结果是同时减小舰体的横摇、纵摇和直摇,有效地改善了适航性。

舰上采用高度的自动化,全舰有计算机控制中心,对动力装置、电站、减摇系统、三防系统和损害管制系统实行集中控制,高度自动化使舰上人员与以往同类舰相比减少 1/3 以上。

该舰装备精良,具有强大的反舰和防空战斗力。舰上设立了核生化三防中心和"西拉库斯 I"型卫星通信系统。装上了带 5 个操纵台和 1 个处理台的"塞尼"系统和内部数字通信系统。此外,还配备了拥有三维空间作战能力的 2 座 4 联装的"飞鱼"MM40 舰对舰导弹发射装置,其飞行速度 0.9 马赫,飞行距离达 70 公里。1 套八联装"响尾蛇"舰对空导弹发射装置。配备 VT-1 型新式防空导弹，其特点是：指令视线制导，飞行速度 3.5 马赫，飞行距离 13 千米。它们为护卫舰提供了对付未来的攻击保证本土安全的有效防御手段。同时，该舰还可以进行反潜作战。它配备有先进的电子战装置，如对空/对海警戒雷达、导航雷达、雷达干扰机、"萨盖"诱饵/箔条发射装置、"萨盖"无线电干扰机和拖曳线列阵声呐、GPS 接收机等，能利用隐身技术接近并监听敌方通信或干扰敌方雷达。

【点评】法国的"拉菲特"级护卫舰是世界上第一种在设计中完全综合了隐身性能的作战护卫舰。它还是现代具作战有效性并在商业上取得成功的战舰之一。该舰的隐身性、适航性和自动化方面的突破很大，被各国海军视为正式服役的首批隐身战舰之一。

"洛杉矶"级潜艇：攻击型核潜艇的主力

"洛杉矶"级核动力攻击潜艇 1972 年开始建造，1976 年首艇建成，舷号为 SSN-688。其水下最大排水量是 6900 吨，艇全长为 110.3 米（部分艇为 109.7 米），宽 10.1 米，水面状态时的吃水深度为 9.9

"洛杉矶"级潜艇

米，下潜深度为 450～480 米，动力装置采用一台 S6G 型压水型反应堆，两台蒸汽轮机，总功率 3.5 万马力，冰下最大航速为 32 节，反应堆的核燃料使用时间为 10 年。艇上的武器有 4 具 533 毫米鱼雷发射管，用于发射 MK-48 型线导鱼雷和"沙布洛克"潜射反潜导弹。在服役过程中，该级艇的大部分艇又进行了改装，加装了四具"鱼叉"反舰导弹垂直发射管和 8 具"战斧"巡航导弹的垂直发射管，使该级艇具有水下发射反舰导弹和巡航导弹进行反舰作战和对岸攻击的能力。

"洛杉矶"级较好地处理了高速与安静的关系，使潜艇的最大航速在降低噪声的基础上达到最大的结果。在降噪上率先采取了一些后来普遍采用的技术手段。比如，它采用了具有自然循环能力的 S6G 型压水堆，在低速航行时，不使用反应堆的主循环水泵，消除了艇上最大的噪声源；采用先进工艺精心加工减速齿轮箱，并对减速齿轮箱和所有的辅助设备采用减震隔震技术；对艇体外形和指挥围壳（潜艇的舰桥）采用流体力学原理进行精心设计，以减少水动力噪声等。这些措施使得"洛杉矶"级在安静水平上比前一代核动力攻击潜艇有了较大的进步，比美国海军的主要对手——苏联海军的核动力攻击潜艇则有相当大的优势。

"洛杉矶"级核动力攻击潜艇在海军舰队中的用途主要是进行反舰和反潜作战，因此，它装备了先进的水下探测设备用来发现敌舰和敌潜艇。它的声呐是美国海军 20 世纪 70 年代的 AN/BQQ-5 型综合声呐，这种声呐把主动声呐、噪声测向站、拖曳声呐、水下通信声呐、被动测距声呐和目标识别声呐、本艇噪声监测声呐等多部声呐综合到一起，具有多种功能，可以在复杂的条件下发现敌水面舰艇和水下的潜艇。综合声呐的最大探测距离达 180 公里，为潜艇进行远距离隐蔽攻击提供了准确的信息。同时还拥有完善的电子对抗设备，尤其是它装备的水下声学对抗设备能够提供躲避和干扰敌方音响鱼雷的能力。

作为一艘攻击潜艇，"洛杉矶"配备了强大的武器，艇上原先装有 4 具 533 毫米口径的鱼雷发射管，除了可以发射 533 毫米口径的 MK

－48 线导鱼雷外，还可以发射"沙布洛克"反潜导弹和"鱼叉"反舰导弹。"沙布洛克"是一种远程弹道式反潜导弹，战斗部为核弹头或 MK－46 鱼雷，最大射程为 56 公里。有意思的是，"洛杉矶"级的鱼雷发射管不像以往的潜艇那样安装在艇艏并指向艇的前方，而是安装在潜艇的中部指向艇的侧前方，这是因为美国潜艇在 20 世纪 60 年代以后普遍安装了大型的声呐，占据了艇艏的空间，而现代潜艇装备的又是不需要直接瞄准的线导和声自导鱼雷，发射鱼雷时潜艇不必再转动艇体对准目标，无论在什么方位，鱼雷会自动射向目标。从 20 世纪 80 年代中后期开始，美国海军开始在该级艇上安装了 8 具"战斧"巡航导弹垂直发射管和 4 具"鱼叉"反舰导弹垂直发射管，这些发射管安装于潜艇的压载水舱中，不占用艇体内部空间，从而避免了增加武器的拥挤现象。

1992 年 2 月，美国海军 1 艘"洛杉矶"级潜艇与 1 艘俄罗斯的 S 级潜艇在巴伦支海相撞受轻伤，这说明苏联潜艇的噪声水平也达到与美国最先进的潜艇几乎是并驾齐驱的程度。"洛杉矶"级在水下世界的竞争中已经不占绝对优势了，这也是促使美国海军下决心加快研制"海狼"潜艇的原因之一。

【点评】"洛杉矶"级的使命是多元的，作为一种多功能、多用途的潜艇，它可以执行的任务也是全面的，包括反潜、反舰、为航空母舰特混舰队护航、巡逻和对陆上目标进行袭击等。如 1991 年的海湾战争中，美国海军有两艘"洛杉矶"级潜艇参与了对伊拉克的导弹袭击，攻击了伊军的重要目标。

"尼米兹"级航空母舰：五角大楼的"消防队"

"尼米兹"级航空母舰的首舰于 1968 年开工，1975 年开始服役。由于该级航母设计成功，性能优越，美国海军决定大量建造，现已完工 7 艘，另有 3 艘已经开工或准备开工建造，成为美国"二战"后建造数量最多的航空母舰。

"尼米兹"级航母最大的特点是舰体巨大，它舰长 332.9 米，舰宽 40.8 米，吃水 11.3 米。满载排水量 91487 吨，该级航母从第四艘"罗斯福"号以后，进行

"尼米兹"级航空母舰

了一系列改进，排水量有所增加，"罗斯福"号达到了 96400 吨左右，而第五艘"林肯"号以后的各舰则突破了 10 万吨大关，当之无愧地成为有史以来最大的战舰。

该级航母的舰型与美国海军其他航空母舰并无太大的差异，飞行甲板表面平坦宽阔，形状仿佛一个酒瓶，左右基本对称，整个飞行甲板包括着舰区、起飞区、停机区三大部分，长约 332.9 米，宽约 76.8 米，面积约有三个足球场大。着舰区斜置于飞行甲板后部，与航空母舰中心线的夹角约为 12°，因此又被叫做斜角甲板。飞行甲板下面设有机库，机库宽敞高大，长 208 米，宽 33 米，净高 7.6 米。机库不仅是飞机停放的场所，而且是舰载机检修、加油、供氧、供压缩空气及飞行前准备、飞行后维护等工作的场所，机库内还有完善的自动灭火系统和起重机、牵引车等设备。在机库的后方是飞机发动机维修间，可以对各种发动机进行各种等级的维修。为了把舰载机从机库中提升到飞行甲板上，舰上还设置了四部像电梯一样的大型升降机，这些升降机全都设置在航空母舰的侧舷，左舷有一部，右舷有三部，升降机的面积相当于一个篮球场那么大，可以在一分钟之内把飞机从机库提升到飞行甲板或从飞行甲板放回机库中去。

现代喷气飞机速度快，起降时需要的跑道相当长，航空母舰虽然是最大的军舰，但如果用正常的方法起飞降落的话，还是显得太小了。因此，在飞行甲板上设置四部长 94.5 米的 C13 – 1 型蒸汽弹射器用于

舰载机起飞，其中两部设在舰艏，另两部设置在斜角甲板的前部。每部弹射器隔20秒就可以弹射一架飞机，四部弹射器同时使用一分钟就可以弹射8架飞机。C13－1型弹射器能量很大，可以把舰上最重的飞机（重约30吨）360公里/小时速度弹射出去。保证舰载机在不到百米的距离上起飞。斜角甲板尽管长200多米，比一艘导弹巡洋舰还长，但用于飞机降落仍然太短，因此，在斜角甲板上横着设置了四根拦阻索，飞机着舰时，用尾钩钩住其中一根拦阻索，拦阻索把飞机着舰时的巨大能量传递到缓冲器上，由缓冲器把这些能量全部吸收，使飞机在短短60～90米左右完全停下来。在第四根拦阻索之前还设有一张拦阻网，拦阻网平时是放倒的，只有在飞机无法使用拦阻索时或使用拦阻索无法降落时才竖起。"尼米兹"级航母的拦阻索装置每隔35～40秒就可以让一架飞机降落。

由于航空母舰体积庞大，目标明显，而且装有大量的弹药和燃油，它的自身防护就显得十分重要。美国认为现代航空母舰最大的敌人是现代化的反舰导弹和现代化的潜射鱼雷，因此，"尼米兹"级航母在设计时充分考虑了这些威胁，其两舷从舰底到机库的甲板都是双层船体结构，双层船体之间用"X"形的构件连接，导弹或鱼雷击中舰体时，产生的冲击或破坏能量可以通过外层舰体和"X"形构件的变形来吸收，尽量减少对舰体内部的破坏，保护内部关键部位如弹药库、航空燃料舱、核反应堆等的安全。舰体和甲板都是用优质的高强度合金钢制成，舰舷某些部位的钢板厚度达63.5毫米，可以有效地抵御反舰导弹上的半穿甲弹头的攻击。该级舰从第四艘"罗斯福"号开始，加强了对水下攻击的防御，增厚了水下部位的装甲，设置了多层防雷隔舱，大大增强了舰体对水、鱼雷攻击的防御能力，这也是造成"尼米兹"级航母后几艘舰排水量增大的一个主要原因。"尼米兹"级航母自身防护的另一个重要措施是设置了大量先进的防火消防设施、三防设施，并有能在短时间内校正由于破损引起的舰体倾斜的补偿复原系统。

1961 年建成的美国第一艘核动力航空母舰"企业"号，装了 8 座 A2W 型核反应堆，总功率为 28 万马力，而"尼米兹"级航母只安装了 2 座 A4W/A1G 型反应堆也达到了同样的功率。这 2 座反应堆产生的蒸汽驱动 4 台汽轮机，经减速齿轮装置传动带动 4 个重 11 吨的三叶螺旋桨，可以使军舰以 30 海里/小时的速度前进。"尼米兹"级航母的核燃料可以连续使用 13 年，其中后几艘甚至可以使用 15 年，续航力达 80 万 ~ 100 万海里，相当于绕地球三四十圈。由于使用核动力，可以大量装载航空兵器和航空燃油，航空燃油可以装 9000 吨，航空兵器可以装 3000 吨，比常规动力航空母舰多一倍左右，增强了在海上持久作战的能力。除此之外，该级航母还能携带可供全舰人员食用 90 天的食品。

　　"尼米兹"级航母拥有先进、完善的电子设备，包括先进的三坐标中程警戒雷达，远程搜索雷达，低空警戒雷达，水面搜索与导航雷达，专用的航空管制与飞机着舰引导雷达，以及防空导弹和 20 毫米炮的火控雷达。其中三坐标警戒雷达和远程搜索雷达上还装有敌我识别装置。除雷达外，"尼米兹"级舰上还有卫星导航装置、惯性导航装置、无线电收发信机、卫星通信设施和战术数据系统、电子计算机等先进的电子信息设备。这些雷达与电子通信导航设备，能使"尼米兹"级及早发现来袭敌机、导弹和敌水面舰艇，引导、控制、制导本舰的舰载机、导弹和火炮向目标开火射击；也能为本舰和舰载机提供导航、着舰引导等服务；还能保证与陆地总部及海上的友舰进行及时的通信联络。

　　相对于其他军舰，"尼米兹"级的舰载武器并不强大，只有三座"海麻雀"近程防空导弹发射装置和四座 20 毫米的六管"密集阵"火炮，主要用于对反舰导弹的最后防御。除了火力硬杀伤外，"尼米兹"级航母还装有大量的电子战设备，作为对反舰导弹的软防御。软、硬两种武器构成了"尼米兹"级航母的最后一道防线。

　　航空母舰的主要攻防武器是舰载机，"尼米兹"级航母最大可载机 90～100 架，平时只有大约 86 架，其中包括 20 架 F-14 战斗机，20 架 F/A-18 战斗/攻击机，20 架 A-6E 重型攻击机，5 架 E-2C 预警机，5 架 EA-6B 电子干扰机，10 架 S-3A 舰载反潜机，6 架 SH-60F 舰载反潜直升机。这些飞机分属 10 个中队，编成一个舰载机联队，是"尼米兹"级核动力航空母舰攻防力量的核心。

"尼米兹"级核动力航空母舰有舰员 3100 余人，航空联队有大约 2800 人。还有一些旗舰工作人员，总计人数在 6000 人以上。

目前，"尼米兹"级航母共有八艘服役，它们是：1975 年建成的"尼米兹"（CVN68）号，1977 年建成的"艾森豪威尔"（CVN69）号，1982 年建成的"文森"（CVN70）号，1986 年建成的"罗斯福"（CVN71）号，1989 年建成的"林肯"（CVN72）号，1992 年建成的"华盛顿"（CVN73）号，1995 年 12 月建成的"斯坦尼斯"（CVN74）号。另外一艘是刚刚完工的"里根"（CVN751）号。"尼米兹"级航空母舰是美国海军在"二战"后建造数量最多的一型航空母舰，建造时间跨越 20 余年，到 2002 年，美国海军只拥有 12 艘航空母舰，其中 10 艘为核动力航空母舰。而这 10 艘核动力航空母舰中，有 9 艘是"尼米兹"级航母，足见其设计的成功。

"尼米兹"级核动力航空母舰，作为美国海军的主力航空母舰，参加了多次海上作战行动。1980 年 4 月，在印度洋上的"尼米兹"号，派出 8 架大型直升机，载有 90 名经过严格训练的突击队员，参加营救德黑兰美国使馆的人质的行动，因 3 架直升机发生故障而失败。1991 年的海湾战争，该级"罗斯福"号参战，参加了对伊拉克的空袭行动。而在平时，"尼米兹"级航空母舰则是美国政府"炮舰政策"的急先锋，有人戏称"尼米兹"级航空母舰是五角大楼的"消防队"，世界上所有"热点"地区附近的海域，总会出现它们的身影。

尽管"尼米兹"级航母造价高昂，每一艘都在几十亿美元以上，但美国仍然不惜血本地建造它，除了已经建造的八艘外，第九艘"杜鲁门"号也已完工。可以预想，在 21 世纪，"尼米兹"级航母仍然会继续在世界各地的海洋上游弋，继续充当美国"炮舰政策"的先锋。

【点评】"尼米兹"级核动力航空母舰，是美国海军最新最大的航空母舰。"尼米兹"级核动力航空母舰，作为美国海军的主力航空母舰，参加了多次海上作战行动。有人戏称"尼米兹"级航空母舰是五角大楼的"消防队"，世界上所有"热点"地区附近的海域，总会出现它们的身影。

"佩里"级护卫舰：美海军舰队的保护神

首舰"佩里"（FFG－7）号于1975年6月开工建造，1977年12月建成服役，到最后一艘"英格拉汉姆"（FFG－61）号于1989年5月建成服役，完成了51艘该级舰的全部建造任务。

"佩里"级导弹护卫舰全长138.1米（早期型号135.6米），宽为13.7米，吃水为4.5米（不含声呐）、7.5米（含声呐），满载排水量3628吨，舰员206人（其中军官13人，还有19名直升机机组人员）。该级舰采用两台在美国当代水面舰艇中被广泛采用的美国通用电气公司生产的LM－2500型燃气轮机，单台功率为2.1万马力，

"佩里"级导弹护卫舰

总功率约在 4 万马力以上，最大航速为 29 节，在 20 节时续航力为 4500 海里。与众不同的是，该级舰在舰艏部声呐的后方安装了两台功率为 325 马力的辅助动力装置，驱动两具伸缩式的螺旋桨，在狭窄水域或港内行驶时，可以增加军舰的机动性能，在紧急情况下，启动辅助动力装置可以使军舰的航速增加 3～5 节，在战斗中如果主机被打坏或出现故障，也可以利用辅助动力装置使军舰以 3～5 节的航速驶离战场。

"佩里"级导弹护卫舰的武器不多，舰艏有一部 MK-13 型多用途单装导弹发射装置，用于发射"标准"式防空导弹和"鱼叉"式反舰导弹，舰上的弹库中备有"标准"导弹 36 枚，"鱼叉"式导弹 4 枚。在军舰上层建筑的中后部上面有一门美国编号为 MK-75 的 76 毫米自动炮。该炮是美国从意大利奥托·梅拉腊公司引进专利进行仿制生产的，是当今世界上最先进的中口径自动舰炮，每分钟射速高达 90 发。舰艉则是机库和直升机起降甲板，机库可以容纳两架 SH-2 伊"海妖"（后改装为 SH-60B"海鹰"）反潜直升机。在军舰中部的两舷分别有一部美国海军标准的 MK-32 三联装 324 毫米鱼雷发射管，用于发射 MK-46 型近程反潜鱼雷，舰上的鱼雷库中有 24 枚鱼雷。1982 年以后，美国海军吸取英国海军在马岛战争中的教训，在该级舰的机库顶部加装了一座 MK-15 型 20 毫米六管"密集阵"火炮。用以提高该级舰的近程对空防御能力。该级舰的电子设备简单而完备，一台 AN/SPS49 远程对空警戒雷达，最大作用距离达 400 公里。一台 AN/SPS-55 对海警戒雷达，可以配合远程警戒雷达搜索低空目标，该雷达可靠性极高，可连续工作 1200 小时。声呐装备则有一部 AN/SQQ-89 型被动探测声呐，部分舰上还加装了 AN/SQR-19 被动拖曳声呐，反潜探测能力大大增强。另外，舰上还有各种武器的火控雷达和导航雷达，以及电子对抗装置和由计算机控制的作战指挥中心。"佩里"级导弹护卫舰是美国海军设计比较成功的一型舰艇，美国海军除了自己装备外，还把它推向国外，为澳大利亚建造了 4 艘，为西班牙建造了 3 艘，还把设计方案提供给中国台湾，由美国公司协助，由台湾建造了 7 艘（命名为"成功"级）。

"佩里"级导弹护卫舰建成服役后，即作为美国海军海上编队的护航兵力，参加了多次海上作战行动。在海湾战争中，"佩里"级大量参加了美海军的军事行动，执行了对伊封锁，拦截在波斯湾航行的商船等任务，在战争爆发以后，该级舰又参加了对伊军的小型水面舰艇作战行动和摧毁伊军占领的石油平台的行动。

作为美海军的护卫舰，"佩里"级一般行动于美海军舰队的编队之内，有舰队提供的防空网和反潜火力网，自身的火力问题不大。但在该级舰单独行动或作为舰队主力行动时，这个问题就显得比较突出了。1987 年 5 月 17 日，在海湾游弋的该级"斯塔克"（FFG－31）号，被伊拉克空军一架法制"幻影 F－1"型战斗机发射著名的"飞鱼"导弹击中，死亡 37 人，军舰一年多以后于 1988 年 8 月才修好，这次事件暴露出该级舰火力单薄的缺点。1988 年 4 月，该级"塞缪尔·罗伯茨"（FFG－58）号，在参加海湾护航时因触伊朗水雷而严重受伤，也是经过一年多才修好。尽管两次事件暴露了该级舰在防御上的一些弱点，但美国海军仍然认为在未来的对付第三世界地区的危机中，护卫舰因其灵活、用途广泛而要比新型的"伯克"级导弹驱逐舰更加有用。

【点评】"佩里"级导弹护卫舰是美国海军为了弥补在 20 世纪 70 年代出现的舰艇数量大幅度下降而建造的一种价格较低、性能适中的水面舰艇。该级舰数量庞大，是"二战"后西方国家建造批量最大的一型水面舰艇，该级舰初期造价为每艘 5000 万美元左右，比美国海军近年建造的大型驱逐舰、巡洋舰便宜了许多。

"企业"号航空母舰：世界第一艘核动力航空母舰

1954 年 9 月 30 日，美国海军"鹦鹉螺"号核潜艇建成服役，标志着海军舰艇发展史上一个新时代的到来。其实，美国海军作战部长谢尔曼早在 1950 年就建议探讨"建造原子动力的航空母舰的可能性"，但后来被核潜艇抢了先。核动力航母的优越性是不言而喻的。1958 年 2 月 4 日，世界上第一艘核动力航母 CVN65 "企业"号在纽波特纽斯船厂开工建造，1960 年 9 月 24 日下水，1961 年 11 月 25 日正式服役。

"企业"号全长 342.9

"企业"号航空母舰

米，宽 40.5 米，吃水 11.9 米，标准排水量 75730 吨，满载排水量 93200 吨，舰上载航空燃油 8500 吨，动力装置为 8 座西屋公司的 A2W 压水反应堆，驱动 4 台通用电气公司的蒸汽轮机，4 轴 4 桨，主机总功率 280000 马力，最高航速 30 节，更换一次核燃料可航行 20 万 ~ 50 万海里。全舰舰员为 3319 人，航空人员为 2625 人，司令部人员为 72 人。

"企业"号舰体与"小鹰"级基本相同，采用了封闭式飞行甲板，从舰底至飞行甲板形成整体箱形结构，在斜直两段甲板上分别设有 2 部蒸汽弹射器，斜角甲板上设有 4 道拦阻索和 1 道拦阻网，升降机为右舷3部，左舷1部。其机库为封闭式，长223.1米，宽29.3米，高7.6米。飞行甲板为强力甲板，厚达50毫米，在关键部位加装装甲，水下部分的舷侧装甲厚达150毫米，并设有多层防雷隔舱。

"企业"号舰载武器为3座八联装"北约海麻雀"舰空导弹发射架和3座"密集阵"近防系统。电子设备为SPS-49（V）5、SPS-48E（三坐标）对空雷达；SPS-67对海雷达；6部MK-95"海麻雀"火控雷达以及导航、助降雷达等。电子对抗为SLQ-32系统和4座MK-36干扰火箭发射器，另有SLQ-36拖曳式诱饵系统。

在近40年的服役期内，"企业"号上舰载机的搭载情况有过多次更改，现在上舰的是第11舰载机联队，采用的是"标准型"配置，具体方案是：1个F-14"雄猫"战斗机中队，14架；2个F/A-18C"大黄蜂"海军战斗/攻击机中队，24架；1个F/A-18A"大黄蜂"海军陆战队战斗/攻击机中队，12架；1个E-2C"鹰眼"预警机中队，4架；1个EA-6B"徘徊者"电子战飞机中队，4架；1个S-3B"北欧海盗"反潜机中队，8架；1个SH-60F-"拉姆普斯"反潜直升机中队，5架；总共8个飞行中队，71架各型飞机。此外，还有2架HH-60H运输直升机。

在漫长的海上生涯中，"企业"号共四次更换核燃料：在航行了20.7万海里之后，于1964年11月第一次更换；又航行了30万海里之后，于1969年10月第二次更换；在航行了50万海里之后，于1979年第三次更换；在1991年该舰实行"延长服役期改装计划"时，第四次更换核燃料。

"企业"号航空母舰参加过拍摄电影《猎杀红十月》，并被法国的乔治·布隆得写入《大洋余生》一书。"企业"号航空母舰曾多次参加军事演习、武力威慑和其他种类军事行动。在1962年10月的古巴导弹危机中，参加了封锁古巴周围500海里海域的行动。1964年，"企业"号进行了总航程达3万公里的无补给环球航行。该舰现部署在太平洋舰队。"企业"号甲板上也曾发生过坠毁舰载机事件。

【点评】"企业"号航空母舰是世界上第一艘核动力航空母舰。"企业"号航空母舰曾多次参加军事演习、武力威慑和其他种类军事行动。该舰现部署在太平洋舰队。

"台风"级潜艇：世界核潜艇的"巨无霸"

苏联海军把"台风"级弹道导弹核潜艇配备在北冰洋的冰层下面，这个庞然大物在上浮时可以毫不费力地把6米厚的冰层顶破。看到这种冰花飞溅的场面，美国海军最大的弹道导弹核潜艇——"俄亥俄"级也会自叹不如。

"台风"级核潜艇是当今世界上吨位和块头最大的潜艇，其水下排水量达29000吨。1977年

"台风"级核潜艇

首舰在北德文斯克造船厂开工建造，到1989年共有6艘出台，全都部署在北方舰队。

"台风"级艇长达170米，水线长165米，宽23米，吃水约11.5米，长宽比为7：1。推进装置为2座320兆瓦的压水反应堆和2台60兆瓦的蒸汽轮机，双轴，2部七叶螺旋桨，水下航速26节，水面航速19节，最大下潜深度约300米，艇员编制133人，分两班制。

"台风"级潜艇与"俄亥俄"在全长和吃水方面大致相似，但"俄亥俄"的宽度只有12.8米，"台风"级达到23米，艇宽必然体胖，"台风"级勇夺超大型潜艇的桂冠。

"台风"级核潜艇的双耐压艇体、双反应堆和双蒸汽轮机产生诸

多好处：两部主推进装置彼此独立，各自安装在分开的耐压艇体内，即使其中一部推进装置损坏或因战斗被毁，潜艇仍能继续战斗。

该级潜艇的弹道导弹配置打破了苏联以往弹道导弹的传统配置方式：所有的导弹发射筒都安装在指挥台围壳的前方。提高了发射导弹的机动性，避免了动力部分噪声对导弹发射可能产生的影响。艇上左右两排并放着20枚SS－N－20潜地导弹，射程4500海里。每枚导弹内有7～9个分导式弹头，总共大约携带150个分导式弹头。在艇艄设置了6个鱼雷发射管，鱼雷直径533毫米。"台风"级以弹道导弹为攻击武器，以鱼雷和反潜导弹自我防卫。对陆上战略目标进行有效攻击，是苏联三位一体战略核威慑力量的中坚。

"台风"级庞大的舷宽外艇壳内的压舱槽可在遭受鱼雷攻击时产生"安全气囊"般的效应，以提供潜艇外的保护，除非是一枚相当重的鱼雷，能够使其爆炸力量继续向前冲损毁内艇壳，若是在一般的情况下，爆炸的威力多半被四周的水分分解了。

"台风"级共有19个舱室，从横抛面看成"品"字形布设，并且在主耐压艇体、耐压中央舱段和鱼雷舱使用钛合金材料，其余部分都用消磁高强度钢材。这确保了即使是北极的2～3米厚度的冰也能被轻易地破开。弹道导弹发射筒布置在指挥台围壳的前方，这样减轻了发射导弹时与轮机一起产生的震动程度，从而提高安静程度和发射间隔。耐压艇体部分则用德尔塔Ⅳ级的消声瓦，非耐压部分使用一种特制的橡胶水声消音瓦，从而让这个庞然大物在水下遁形。"台风"级的工作噪声是苏俄弹道导弹潜艇中最低的，稍逊于只有它体积一半的"俄亥俄"级。

在每艘"台风"级核潜艇上，133名艇员24小时处于戒备状态，执行一次任务的时间可能要好几个月，有时一连数周都要悄悄潜在水下。当这些巨物被北约海军追逐时，便马上下潜，在敌方雷达的视野范围内跑得无影无踪。更多的时候，它们在北极的浮冰下或沿着西欧海岸在海底游弋，由于这些庞然大物的存在，使得五角大楼的专家们常常心神不宁。

"台风"级核潜艇诞生在冷战时期，作为一个沉默的见证者亲眼目睹了世界上发生的巨变以及苏联的瓦解。如今，虽然冷战早已结束，但是"台风"级核潜艇仍然在海洋中航行。唯一让"台风"级核潜艇遗憾的是，在它们的战友"库尔斯克"号爆炸沉没时，它们无力施行救援。

【点评】"台风"级核潜艇是苏联在20世纪70年代后期为了充实战略核力量、抗衡美国"俄亥俄"级潜艇而发展起来的，是苏联/俄罗斯的第四代弹道导弹核潜艇。因其排水量达到2万多吨，远远超过美国的"俄亥俄"级，是世界上最大的一级核潜艇，堪称世界级"水下巨无霸"。该潜艇是典型的冷战时期的产物，由红宝石设计局设计完成。

"提康德罗加"级巡洋舰：美国建造最多的巡洋舰

"提康德罗加"级导弹巡洋舰舰长172.5米，舰宽16.8米，吃水9.5米，满载排水量9400多吨，最大航速约30节，油箱加满油后如果以20节的航速航行的话，可以行驶6000海里，舰上有舰员358人。该舰在1983年1月22日建成服役后，立即引起了全世界的关注，因为它装备了先进的"宙斯盾"系统。

"宙斯盾"系统是为了对付苏联海军的"饱和攻击"战术（采取了用大量反舰导弹在同时或仅以秒计的时间差内进行攻击）而研制的，它包括 AN/SPY－1A 相控阵

"提康德罗加"级巡洋舰

雷达、作战指挥系统、武器控制系统及战备检测系统等，其核心为AN/SPY－1A 相控阵雷达。AN/SPY－1A 相控阵雷达的天线是由四块面积为 3.81 平方米的八角形的平面天线阵列分别固定安装在舰桥的前壁、右侧壁，后部上层建筑的后壁、左侧壁上。四块天线各对一个方向，正好覆盖了一个周围 360°、从水平面到天顶的半球形空域。相控阵雷达的天线是由许多天线单元组成，像昆虫的复眼那样，它的波束扫描不是通过天线的机械转动，而是通过计算机控制各个天线单元变化相位实现，所以扫描速度极快，具有非常好的多目标搜索能力。当跟踪多个目标时，既可以同时产生多波束跟踪多个目标，又可以用一个波束利用时间分割方法对多个目标进行快速跟踪，因而它的多目标跟踪能力也相当强，并能计算其飞行轨迹。相控阵雷达不仅具有较强的抗干扰能力，而且探测距离较大，对高空目标，它的最大搜索距离可达 400 公里。它的上千个天线单元相互并联使用，即使有一部分损坏，仍能正常工作，并在每艘舰上装备了两部 AN/SPY－1A 型相控阵雷达，一旦一部雷达故障，另一部马上接替工作，战时的抗损性与可靠性非常高。

　　"提康德罗加"级巡洋舰的另一个独特之处是从该级第六艘开始采用了新颖的导弹垂直发射装置。导弹都装在一个特制的既是储存箱又是发射箱的容器内，垂直地放置在军舰的导弹库内，导弹库的顶部就是军舰的甲板。发射时，打开每枚导弹的发射盖，接通发射电路，导弹就会腾空而出，自行飞向目标，将复杂的输弹、瞄准、发射等动作变成一个最简单的动作，大大节省了时间。垂直发射装置不仅发射动作快，还能同时发射多枚导弹，是对付"饱和攻击"的最佳发射装置。"提康德罗加"级的垂直发射装置共有 2 座，前后甲板各 1 座，总共可装载 122 枚各型导弹，其中除有"战斧"导弹 28 枚外，其余都是"标准"防空导弹与"阿斯洛克"反潜导弹。除了导弹垂直发射装置中的导弹外，舰上还有两部四联装"鱼叉"反舰导弹发射装置，共有导弹 8 枚。

舰上另有 MK－45 型 127 毫米自动火炮 2 门，也是前后甲板各 1 门。MK－15 型 20 毫米六管密集阵火炮 2 门，布置在舰桥后部的左右两侧。反潜武器除了垂直发射装置中的"阿斯洛克"反潜导弹外，还有两具 MK－32 型 324 毫米鱼雷发射管，舰上备有 MK－46 型反潜自导鱼雷 36 枚。在军舰上层建筑的后部，还有一个机库，可携带两架 SH－60B 直升机，执行反潜任务。

该舰采用了 4 台先进的"LM－2500"型燃气轮机做主机，总功率在 8.6 万马力以上，这使得"提康德罗加"级巡洋舰能达到 30 节以上的速度。但由于装备了重量较重的"宙斯盾"系统等，使军舰超载比较严重。但作为美国海军最现代化的巡洋舰，受到美国海军的高度重视，尽管它每艘造价都在 10 亿美元以上，仍建造了 27 艘之多，是"二战"以后美国海军建造的最多的一型巡洋舰，这 27 艘军舰于 1994 年以前全部竣工服役。

自 1983 年第一艘"提康德罗加"级导弹巡洋舰建成服役后，该级舰就频频出现在世界"热点"海域。1986 年，在对利比亚的军事行动中，"提康德罗加"号为美军飞机偷袭利比亚成功提供了精确的指挥和空中保护，一时间大出风头。但两年后，该级"文森斯"号却在海湾出丑，于 1988 年 7 月 3 日（当地时间），在霍尔木斯海峡附近击落了一架伊朗 A－300 空中客车民航机，造成 290 人死亡的惨剧，让这种造价高昂的先进巡洋舰颜面无光。1991 年的海湾战争中，多艘"提康德罗加"级舰参战，参加了向伊拉克发射"战斧"巡航导弹的战斗，给伊军地面部队以重大杀伤。该级舰还作为美海军的防空指挥舰，指挥美军飞机进行防空作战，例如该级舰"邦克山"号在整个战争期间指挥飞机 65000 架次，而无一次相撞，创下了水面舰艇对空指挥的纪录，受到美海军西太平洋水面舰艇大队司令的表扬。但该级"普林斯顿"号在这次战争中又在波斯湾中触水雷受伤，无法参加战斗，暴露了该级舰在防护上的弱点。

"维斯比"级护卫舰：世界上第一个由碳纤维制造的战舰

隐身技术正在改变全世界的海军战略。Kockums公司和瑞典皇家海军率先对这一技术进行了开发利用，这也是该项目为何引起世界各国密切关注的原因。目前该舰共订购5艘，还有1艘备选。

曾经，巨型战舰是海上强权的象征，浩瀚的大海上，巨型战舰威风凛凛排成各种队形犁开浪花向前航进的情形，使多少大国出尽了风头。但到20世纪末，先进的战舰一返往日嚣张的形象，一个个"羞于见人"起来，隐形成为众海军强国追逐的时髦，新一代战舰纷纷改头换面，成为海上蒙面杀手：先有法国拉菲特级、英国23型护卫舰、以色列萨尔-5级护卫舰等第一代半传统半隐形的杂交型准隐形护卫舰；随后又出现了属于第二代的瑞典"斯迈杰"级试验艇、"维斯比"级护卫舰，这些真正的隐形舰个个怪模怪样，与传统型战舰没有一点相似之处。

"维斯比"级护卫舰

"维斯比"是隐形导弹快艇。因为满载排水量达620吨，所以有人把它划入导弹护卫舰之列。"维斯比"的隐形设计别具特色。它的艇体、上层建筑和武器系统都注意采用隐形技术。上层建筑采用碳纤维强化塑料和雷达吸波材料制造。武器系统隐藏在艇体内，外面什么武器也看不到。像8联装的RBS－15MK2反舰导弹便置放于舰桥下部两侧的艇体内。前甲板那门57毫米舰炮炮管隐藏在有隐形性能的炮塔内，外观上没有炮的样子。炮塔前端的锐利三角锥体构形好像是从F－117隐形战斗机的首部切割下来后搁在甲板上的一样。这种构形设计有利增强炮塔和全艇的隐形性能。艇体后半部为飞行甲板，甲板下是机库。

"维斯比"的动力系统采用4台燃气轮机（每台功率4兆瓦），同时使用时最大速度超过35节。当执行扫雷这类低速航行的任务时，速度15节，只使用两台柴油机（每台功率1.3兆瓦）即可。主机被隔音罩围起来，基座上装有弹性机座，以降低辐射到水中的噪声。推进系统不用螺旋桨而使用两台喷水推进装置，也就没有了螺旋桨产生的空泡噪声。通常舰艇辐射的各种热源中，最强的热源是主机工作时排放的热气，而烟囱是最大的红外线放射源。"维斯比"没有这方面的烦恼。它没有烟囱，排气经冷却后从舰艉的出口排入海水中。所以舰内从底部机舱直到上层建筑就不必设置排气管道了。

"维斯比"级导弹快艇兼具反舰、反潜和水雷作战能力，火力强大。艇上的57毫米MK3单管炮是"博福斯"57毫米MK2的改进型。使用时，炮管可伸出。收藏时，炮身呈俯角状。炮塔的前部锐角保证了炮身的收容空间。专为该炮研制的炮弹是很独特的，称为3P弹（预碎片、可编程、近炸引信）。这是一种能够预先输入目标到达时间并在最佳地点爆炸的炮弹，齐射时能错开爆炸时间。由于数据的输入可在瞬间进行，因而能够在反应的时间交战。炮弹射速为220发/分。RBS－15MK2反舰导弹，这是射程80公里的RBS－14MK1导弹的改进型。在57毫米炮前面甲板下，还以埋入的方式安装有127毫米反潜迫击炮。

"维斯比"级轻型护卫舰采用隐身布局设计，用新颖的壳体形状来减小雷达反射面，舰体采用碳纤维夹心材料制作，壳体和壳体内所有设备均用非磁性材料制成。该级舰上层建筑还涂有雷达波吸收材料。将快速攻击艇和高速巡逻艇的功能与反潜战舰艇和反水雷战舰艇的功能巧妙地融合在一起。

鱼雷发射管为有线制导方式的 400 毫米和 533 毫米反潜鱼雷发射管，还准备装备反水雷战的一次性遥控艇和可变深度的声呐。"维斯比"目前仅有桅杆和雷达天线没有采取隐形技术措施。下一步准备把雷达天线装在一个具有隐形性能的圆锥形整流罩内，进而实现全艇的隐形。

【点评】根据瑞典海军发展计划，到 2015 年将生产装备 18 艘"维斯比"级隐形护卫舰。"维斯比"护卫舰是世界上第一个按照全隐形规范由碳纤维制造的战舰，这使其难被敌方侦测到，即使是使用最新、最尖端的雷达和红外监视装备也不例外，加之其所具有的多用途能力以及先进的隐身技术，"维斯比"护卫舰不愧是真正的未来战舰。

"无敌"级航空母舰："鹞"式飞机垂直起降场

该级航母共建三艘：R05"无敌"号，1973 年 7 月开工，1980 年 7 月服役；R06"卓越"号，1976 年 10 月开工，1982 年 6 月服役；R07"皇家方舟"号，1978 年 12 月开工，1985 年 11 月服役。其中，第一艘在维克斯船厂建造，后两艘在斯旺·亨特船厂建造。

"无敌"级全长 206.6 米，宽 27.7 米，标准排水量 16000 吨，满载排水量 20300 吨，主机为 4 台"奥林普斯"TM－3B 型燃气轮机（这是世界上首次将燃气轮机作为航母主机），总功率 112000 马力，双轴双桨，最大航速28节，18节时续航力7000海里，全舰编制人员1051名，其中舰员685人、航空人员366人。其建成时的标准载机为8架"海鹞"式垂直起降战斗机和12架"海王"直升机。

"无敌"级与常规航母一样，其上层建筑集中于右舷侧，里面布置有飞行控制室、各种雷达天线、封闭式主桅和前后两个烟囱。其飞行甲板长168米，宽32米，飞行甲板下面设有7层甲板，中部设有机库和4个机舱。机库高7.6米，占有3层甲板，长度约为舰长的75%，可容纳20架飞机，机库两端各有一部升降机。防空武器为舰舰的1座双联装"海标枪"中程舰空导弹发射架。电子设备有：1部1022型对空搜索雷达；1部992或996R对海搜索雷达；2部1006或1007导航雷达；2部909火控雷达（用于"海标枪"）；1部2016舰壳声呐。

"无敌"级最大的特点是应用了"滑跃"跑道，这是皇家海军中校道格拉斯·泰勒的创造。所谓滑跃起飞，就是将飞行跑道前端约27米长的一段做成平缓曲面，向舰艏上翘，"无敌"号和"卓越"号的上翘角度为7°，"皇家方舟"号为12°。"海鹞"舰载机通过滑跃甲板

"无敌"级航空母舰

起飞，在滑跑距离不变的情况下可使飞机载重增加20%；载重量不变的情况下可使滑跑距离减少60%。这一起飞方式后来被各国的轻型航母普遍采用。

"无敌"级在服役之后参加了多次实战行动。1982年，"无敌"号参加英阿马岛之战，暴露出预警能力不足的缺陷。战后，皇家海军为每艘航母配备了3架"海王"AEW预警直升机，每架直升机配备1部"搜水"雷达，当飞行高度为1500米时，警戒半径为160千米。后来"无敌"号又率先加装了3座美制"密集阵"6管20毫米近防系统，但仍感近防能力不足，在此后的大改装中又加装了3座荷兰的"守门员"7管30毫米近防炮，并装上了"海蚊"诱饵发射系统和新型的966对海警戒雷达和2016舰壳声呐。1994年2月，"卓越"号完成了相同的改装。1997年，"皇家方舟"号在进行这一轮改装时，又将滑跃跑道上翘角提高到13°。

为了应付冷战后形势的需要，皇家海军正式组建了三军联合快速部署部队，并决定在航母上部署空军的"鹞"式攻击机和陆军直升机。1997年底，皇家空军的"鹞"GR7攻击机正式上舰。1998年1月18日，"无敌"号搭载7架"鹞"GR7攻击机和12架"海鹞"FA2战斗机出航，开始执行混合配置后的首次作战使命——配合美军对伊拉克实行空中打击。

1998年夏，皇家海军2艘航母参加了北约"坚定决心"联合演习。这一次，"卓越"号搭载1个由"鹞"式攻击机和"海鹞"式战斗机组成的混编大队，"无敌"号则搭载1个海陆军混合直升机大队和700名海军陆战队员，从而全面实现了"由海向陆"的作战概念，"无敌"级航母又承担起新的作战使命。

1998年，"卓越"号进行了为期7个月的前甲板延伸工程。其"海标枪"防空导弹被拆去，增加了一块400余平方米的甲板面积，原"海标枪"的弹药库被改装成"鹞"GR7的军械舱，这样，"鹞"式飞机上舰就更加方便了。

【点评】英国是航空母舰的发祥地，它的航母在"二战"中有过出色表现。战后英国国力日衰，再也无力建造像美国那样的大型核动力航母，但相信航母实力的皇家海军又不想放弃这个海战法宝，万般无奈之下的皇家海军只好采取了折中之策：用所谓的"全通甲板巡洋舰"来代替传统的舰队型航母，这就是后来的"无敌"级轻型航母，它的出现与"鹞"式垂直/短距起降飞机的研制成功不无关系。

"无畏"级驱逐舰：反潜护航的中坚

在苏联航空母舰战斗群中担任反潜护航的新一代驱逐舰——"无畏"级导弹驱逐舰，一经出现就在西方海军界引起了不小的风波。近十年来，"无畏"级驱逐舰以平均每年一艘的速度增加。

"无畏"级驱逐舰全长 162 米，全宽 19.3 米，吃水 6.2 米，标准排水量 6000 吨，满载排水量 8500 吨。在苏联的驱逐舰中，它的吨位排行"老大"，在世界各国的驱逐舰中也是首屈一指。由于增加了吨位，改善了动力系统，使"无畏"级驱逐舰很适合于远洋作战。

从舰体结构上看，苏联逐步吸收了西方国家的设计思想和建造技术，改变了以往那种临时加装武器系统和电子设备的做法。结构更加

"无畏"级驱逐舰

紧凑，布局更为科学。从外形上看不再有"堆积"之感。主要的防空、反潜和火炮集中于前部，中部为电子设备，后部为直升机平台，整体感很强。"无畏"级的上层建筑首次应用了隐形技术，采用了倾斜式外壁，降低了雷达反射面和红外信号，在那些废气出口的易于暴露处，很可能还使用了雷达波吸收材料。两座看起来粗大的烟囱的内部足以安装

"无畏"级驱逐舰

废气速冷系统，以便尽可能地减少红外信号。此外，该级舰低平的舰体侧面亦可对降低雷达信号产生作用。

　　"无畏"级驱逐舰装备了足以使任何潜艇感到畏惧的兵器。其中包括 8 枚 SS－N－14 舰对潜导弹；2 座 RBU－6000 十二管反潜火箭发射器。2 座 4 联 533 鱼雷发射管，2 架卡－27 反潜直升机。

　　在苏联水面舰艇中，"无畏"级驱逐舰是唯一排水量不满一万吨而装备有 2 架直升机的舰种。2 架卡－27 型反潜直升机让"无畏"级驱逐舰倍感优越。这种飞机是苏联海军所装备的最尖端的舰载直升机，其性能不亚于美国海军普遍装备的"海王"式舰载反潜直升机。此外，"无畏"级舰还装备了先进的拖曳式变深声呐，因而增强了搜索潜艇的能力。

　　为了有效地对付空中袭击，"无畏"级装备了最为先进的 SA－N－9 型舰对空导弹。这种导弹的不俗之处在于采用了垂直发射方式，可以攻击位于舰艇任何方向的空中目标，并加快了反应速度。"无畏"级舰上共有 8 个这种导弹发射舱，每个发射舱共有 8 枚导弹，分别布置在舰前部和后部。目前，只有少量的苏联水面舰艇装备了此种导弹。

【点评】苏联航空母舰的发展几经沧桑，从"莫斯科"级到"库兹涅佐夫"号，前后二十余年，逐步才发展到今天的大甲板航母。值得注意的是，从"基辅"级的第4舰"巴库"号开始，均取消了反潜武器，这似乎暗示了今后苏联航母发展的一种趋势。将来，反潜作战的任务将由"无畏"级导弹驱逐舰来承担。在苏联远距离舰载反潜机问世以前，"无畏"级驱逐舰将是其海军反潜战的中坚力量。

"小鹰"级航空母舰：美国建造的最后一级常规动力航空母舰

20世50年代，美国建造的"福莱斯特"级航空母舰被称为"超级航空母舰"，但在服役过程中仍发现了一些不足，于是在1956年建造第5艘时，美国海军对其进行了大幅度改进并连续建造了3艘，称之为"小鹰"级，它是美国建造的最后一级常规动力航空母舰，也是世界上最大的一级常规动力航母，这3艘航母的具体情况是：

第1艘"小鹰"号，CV-63，纽约造船厂建造，1956年12月27日开工，1960年5月21日下水，1961年4月9日服役；

"小鹰"级航空母舰

"小鹰"级航空母舰

第2艘"星座"号，CV-64，纽约海军船厂建造，1957年9月14日开工，1960年10月8日下水，1961年10月27日服役；

第3艘"美国"号，CV-66，纽波特纽斯船厂建造，1961年1月9日开工，1964年2月1日下水，1965年1月23日服役，1998年10月30日退役。

"小鹰"级从底层到舰桥大约有18层楼高。飞行甲板以下分为10层，1~4层为燃料舱、淡水舱、弹药舱和轮机舱；5、6层为水兵住舱、食品库、餐厅和行政办公室；7、8层为舰载机维修间、维修人员和雷达员的住舱；9、10层为机库、战斗值班室和飞行员餐厅。甲板以上的岛式上层建筑分为8层，自下向上依次为：消防、医务、导弹人员住舱；工具、通信及电气材料库；军官室；舰长及司令部人员、新闻人员工作室和休息室等。

"小鹰"级航母在直角和斜角甲板上各有2部蒸汽弹射器，在斜角甲板上有4道拦阻索和1道拦阻网；左舷1部升降机，右舷3部升降机（上层建筑前面2部，后面1部）。舰上共分为10个作战部门，即：作战、航空、航海、武器、轮机、医务、牙医、供应、安全和飞机维修，每个部门又下设若干个分队，全舰编制5480人，其中舰员2930人，空勤2480人，航母战斗群司令部人员70人。现在其舰载机联队为"标准型"配置。

"小鹰"级的防空武器为3座八联装"海麻雀"防空导弹发射装置和3座"密集阵"近防系统。对空雷达为SPS-49（V）和SPS-48C/E（三坐标），对海雷达为SPS-10F，导航雷达为LN-66和SPS-64（V）9，火控为6部MK-95。电子对抗为4座MK-36干扰箔条发射器和1部SLQ-36拖曳式鱼雷诱饵。3座6管20毫米炮，F-14战斗机和F/A-18战斗机各20架，14架A-6E攻击机，E-2C预警机和EA-6B电子干扰机各4架，10架S-3A/B反潜机和6架直升机。

需要说明的是，美国海军的最后一艘常规动力航空母舰是"肯尼迪"号（CV-67），它是"小鹰"级的第 4 艘，但由于变化稍大一些，所以国外也将其单列为一级——"肯尼迪"级，其实它与"小鹰"级是相差无几的。

【点评】"小鹰"级航空母舰是美国建造的最后一级常规动力航空母舰。"小鹰"级全长 323.6 米，宽 39.6 米，吃水 11.4 米，标准排水量 61174 吨，满载排水量分别为 81780 吨、82583 吨、83573 吨，舰上载航空燃油 5882 吨。主机为西屋公司的 4 台蒸汽锅炉，总功率 280000 马力，最大航速 30 节，续航力为 12000 海里/20 节。其飞行甲板长 318.8 米，宽 76.8 米，从底层到舰桥大约有 18 层楼高。

23 型导弹护卫舰：英国最后的"公爵"

20 世纪 70 年代中期英国提出了新一代护卫舰的作战要求，主要任务是执行反潜，并且还要求具有以轻型对空导弹系统为中心的防御能力。为降低建造成本，舰上不再设机库，而将舰队的直升机全部停放在补给船上。但这样运用起来，要受到限制。

21 世纪初，来自飞机和导弹的威胁日益增加，这就要求军舰本身要具备更强的自卫能力。这样，新型舰不但要满足适应北大西洋复杂的以反潜战为中心的设计要求，还要具有向海外派兵的遂行能力、支援北约登陆作战时对付空中威胁的自卫能力，以及具有在世界一切海洋中各种气候条件下能有效行动的适航性和续航力。

23 型导弹护卫舰

1981 年春季，英国制定出了新的参谋部纲要，基本要求有：提高拖阵列声呐的应用能力，降低本身噪声，船体的雷达反射面积要小，具有卓越的续航力，飞行甲板只装备直升机加油装置和武器补充装置，并限制每艘舰的建造成本为7000万英镑。此外，还确定了推进方式、主机形式、舰体声呐、对舰武器、发电机防振措施等。该纲要在1981年3月得到认可。当时国防部正大幅度削减海军预算，但唯独给予了23型护卫舰最优先的地位。于是，该舰开始设计准备，并编制了海军参谋部纲要的细节。亚罗公司根据英国海军的要求，并考虑适应出口，开始进行初步设计。经过大量的论证后，得出的结论是：如满足造价，必须选择标准排水量2500吨、水线长在100米以内的舰型，也就是22型舰的2/3。但是，如果出口的话，必须保障该舰性能一流，要设有机库，装备防空武器，满足通用性要求。要达到此目的，排水量要超过2700吨，水线长约增加15米。结果，海军参谋部纲要被修改，23型护卫舰已不是反潜护卫舰，而成了以反潜为主的多用途护卫舰。

23型首舰"诺福克"号的建造合同于1984年10月与亚罗公司签订。1990年6月建成服役。此后的2至8号舰也已服役，另有5艘正在建造。虽然当初计划共建造23艘，但据说暂且不会实现。

23型护卫舰的主要装备是拖阵列声呐，可以说23型舰就是为了使用拖阵列声呐而设计的。这一由道蒂电气设备公司制造的2031Z型波动式阵列声呐是由500米长的基阵和拖电缆组成的，共有1000米长，一般在10节以下的航速下进行拖航。调节电缆的伸出长度和改变拖航速的话，可以保证声呐处于希望的深度，即使非常安静的潜艇利用斜温层下潜，该声呐也能进行搜索追踪。虽然这种声呐的方向数据非常精确，但距离精度有所限制，所以还要借助于其他舰上的被动式声呐或直升机的投放式声呐。另外，舰上还装有费伦蒂/汤姆森·辛特拉公司生产的2050型低频主动/被动式声呐，作为近距离对潜攻击时使用。对空搜索雷达是普莱西公司生产的996型，为一灵活的多目标三坐标雷达。该雷达除对空监视以外，还可向"海狼"导弹提供目标数据。

"海射手"光电射击指挥装置用于控制 114 毫米炮，可实现高度自动化。为减小风的影响，这一装置采用独特的球状外形。该指挥装置由红外线成像仪、夜间电视摄像机和激光测距仪组成，主传感器红外线成像仪的工作波长为 8～12 微米。

该舰的战斗状态有空中警戒和海上警戒两种模式，都只需按下一个按钮便能动作。空中警戒模式中，系统开始工作时，带动指挥装置动作，使火炮运动，进行随意搜索，因而缩短了反应时间。

该舰对潜、对空等的武器和探测器汇总到一个战斗系统中，在英国尚属首次。后来，又脱离了各个武器和探测器通过中央处理系统相互联系的模式，解出射击指挥诸元，向这种智能化系统转移。指挥系统通过情报提供各种相关关系，辅助指挥官决策。

舰上装备有满足搭载北约直升机要求的综合通信系统，除各种收发报机外，还有卫星通信装置、数据通信等。除此以外，还装备有ESM 装置，导航装置、气象观测装置等。

对潜攻击武器有新式轻型鱼雷和马可尼公司的"鲽"鱼雷。远距离对潜作战中，可向可能出现潜艇的海域派遣直升机。一旦直升机使用的投放声呐捕捉到目标，就用鱼雷和深水炸弹进行攻击。这种鱼雷对于 90 年代的新型潜艇来说，具有足够的速度和续航力，能够穿透新型潜艇的壳体。但是，英国海军对反潜鱼雷的要求很高。即使在很浅的海域也要能使用。这就是说，发射鱼雷后，推进装置立即动作，产生驱动力，鱼雷一旦入水，螺旋桨立即启动，陀螺仪非常快速地测出姿态，在撞击海底前改变航向。

舰上装备的另一主要武器是垂直发射的"海狼"对空导弹。在设计初期，要求对该舰追加防空能力，选中在马岛战争中得到证实的"海狼"系统是顺理成章的。最初预定装备旋转式发射装置，但在1983 年海军部研究设计时，因准备开发垂直发射系统而被更改。23 型护卫舰的 GW＄26 "海狼"导弹放在舰桥前方的发射井中，共有 32 个发射单元，导弹控制的子系统是马可尼公司生产的 911 型跟踪制导雷达，这一双频雷达也能对抗掠海飞行的对舰导弹。而且由于采用垂直发射，可以迅速对付从任何方向来袭的目标。

此外，为起到防空作用，舰上还装备了"厄利孔"30 毫米机关炮。这种炮为全自动型，装有瞄准稳定装置，最大射速为 650 发/分。炮内采取了防备电源故障措施，能用电池驱动，无论昼夜都能使用。

舰桥斜后方两舷装备有马可尼公司生产的"海蚊"假目标干扰装置，每舷 2 座，每座为 6 个固定式发射管，用于发射金属箔条和红外闪光物。除此以外，舰上还装有鱼雷诱饵拖装置。

23 型护卫舰现在还没有装备近程防御武器系统，但如果舰长再增加 7 米左右的发行方案通过的话，就可能会装备 2 部 30 毫米近程防御武器系统。

舰上的主要反舰武器为"鱼叉"导弹。该导弹在攻击开始阶段为惯性制导，在最终阶段各自使用主动式雷达制导，掠海飞行。用于发射导弹的 2 座四联装发射装置位于舰桥前方，整个系统称为 GWS60。

舰上装备有 1 门 MK8"维克斯"114 毫米舰炮，作为对地射击主炮，还可以对舰、对空进行射击。

23 型护卫舰选用的是 EH101"默林"直升机。该机的任务是辅助舰上的探测器对远处的潜艇进行搜索和攻击。但因该机在 80 年代中期尚未完成飞行试验，目前舰上搭载的是一架韦斯特公司生产的"大山猫"反潜直升机。

减小舰体本身的噪声，必须降低由于航行中舵和舰底附着物的空泡现象产生的噪声、主机和辅机产生的振动入水中的声音以及螺旋桨产生的噪声。

对于该舰，在低速拖时重要的是 3 个声源中的后 2 个。研究了各种推进方式和推进器的组合后，23 型护卫舰采用 CODLAG 推进方式，低速牵行拖阵列声呐时只用柴油发电机，快速运动时柴油机和燃气轮机一起使用。

这种方式的好处在于牵引拖阵列声呐时直接通过电动机驱动螺旋桨，省去齿轮箱这一噪声源。低速时要求大推力的破冰船和拖船也有很多采用柴油发电机作为动力的，从机械的可靠性推进效率的角度来说，这种方式也是优越的。

为防止发电用柴油机和发电机产生的振动噪声通过外板传入水中，柴油机和发电机不装在主机舱和辅机舱中，而是用木质机座为间隔物安装在上甲板上。对于护卫舰来说，这是一种全新的形式。但是，在实际应用中，因上甲板空间不足，最终只有2台安装在上甲板上，剩下2台利用木质机座安装在前部的辅机舱中。

为减弱声信号，舰上也利用了对减摇鳍和螺旋桨吹气进行消声的方法。

除声信号外，该舰还采取了一些措施减小其他信号特征。为减小敌舰和掠海飞行的导弹雷达波反射面积，舰体和上层建筑都有一定的倾斜，且上层建筑也比22层护卫舰低了一层高度。

当然，对于有红外制导的导弹来说，这样做还是不够的，将来还要更加重视红外干扰系统和排气冷却装置的发展。

23型护卫舰设计即将完成时，爆发了马岛战争。战争结束后，英国海军竭力吸取战争中的教训，宁可增加投入，也要提高舰艇的生存力。因此重点加强了损管部分，详细划分了消防区和采用分区通风系统，设置紧急灭火海水泵，使用阻燃性无毒材料，增大舱口入孔，以及增强重要区域的防弹能力等。

军舰中弹时，为防止火灾蔓延，灵活快速灭火，有必要设置更多的消防区域。23型当初计划设2处防火隔壁，分为3个消防区，但后来吸取了42型驱逐舰"谢菲尔德"号因消防区域太少而沉没的教训，改为设5个独立的消防区域。舰上不仅仅增加了防火隔壁数，消防装置也各区独立，各区域有各自的通风系统。这样，不但消防工作变得简单，而且受害区域不会影响其他区域。

紧急用消防海水泵设在舰艏和舰艉，电源由战斗损伤时的应急发电机提供。

英国以前的舾装材料，特别是地板和电线裹覆材料等，都是用卤化烯等，一旦燃烧大多会产生有毒气体，会严重阻碍消防工作。马岛战争后，改为使用阻燃材料和燃烧时不产生有害气体的材料，并且装备了供氧装置。

为了消防和救生方便，防火窗和防水舱口扩大到了让穿着防火服和携带供氧装置的消防员能够出入的程度。

此外，23 型舰对指挥室和操纵室等重要区域也实施了多种防护。美国海军很早就注意到这一点，据报道"阿利·伯克"级驱逐舰的重要区域和弹药库是以克夫拉复合材料为主装备的。对 23 型护卫舰具体材料现尚不明确，只知其具有防弹能力。

机舱通风和全舰的空气调节分开，舰上空气过滤器完备，设有专用的通往机舱的管路，完全符合三防要求。

在居住性方面，为了减小受损可能，建成的 23 型舰比开始的设计牺牲了一点舒适性。英国海军一向使用木质家具，重视美观舒适。本舰亦是如此。虽然，大量采用自动化装置，使得该舰战时定员 185 人，平时定员 146 人。但定员中每名士兵拥有充分的居住面积。军官住单间，士兵居住区设在比较安静的前后部，所以，居住环境亦是较为舒适。

【点评】23 型护卫舰作为英国第二代护卫舰，于 20 世纪 70 年代提出了建造计划。在该型舰之前建造的 22 型护卫舰虽然设计优良，但外形庞大，造价又高，从经济角度很难大量建造，也就无法取代落后的"利安德"级护卫舰，达不到在北约作战和派往海外作战的目的。因此，建造价格低廉且实用的第二代护卫舰就成为必要。

DD21 战舰：有致命弱点的美国 21 世纪超级战舰

在 DD21 的设计中，所采取的大胆的技术革新和先进的现代设计技术在使该舰成为强大的水面战舰的同时，也在一定程度上减少了该舰所需的保养维护需求，并实现了大部分操作的自动化，从而可明显减

DD21 战舰

少舰员人数和节省全寿期费用。考虑到经济可承受性要求，美国海军将该级舰的舰员编制控制到了尽可能少的程度。美国海军认为，负责伤损维修的舰员人数不足的弱点，可以通过装备先进的舰艇自卫防御系统和自动化程度很高的伤损—控制系统来弥补，前者可以减少舰艇被敌方导弹命中的概率，后者可以自动、最大程度地降低舰艇被击中后的损伤。

然而，现代海战的经验表明：任何一艘舰艇，不管其装备多么先进，都不可能确保在战斗中不受到破坏。而舰艇在遭受破坏后要想继续保持作战能力，必须具有人数足够的、经过良好训练的维修人员随时对舰艇受损部位进行修补，以确保舰艇保持强大的火力和足够的浮力。即使是很小、很容易修复的损伤，如果没能及时发现和修复，都有可能毁掉一艘舰艇。

美国海军自己也承认，尽管该级舰将装备先进的舰艇自卫系统，但它并不能为舰艇提供风雨不透的防护能力。因此，DD21 在海战中被击中的可能性并不是不存在，也不是很小。而且战争的发展史也表明，防护技术和进攻技术的发展是相辅相成的。如果 DD21 被击中，由计算机操纵的伤损—控制系统将立即失效，即使舰艇装备了生存能力极强的自动化系统，能够完成诸如在火势失控之前使用消

防设备灭火等措施，也是不够的。DD21 的伤损—控制系统不可能自动装配应急电缆、修补破裂的管道和舱壁等。任何一艘舰艇，不论其采用的技术多么先进，设备终究是机器，只有足够的人员操纵它们，才能使舰艇漂浮、航行和作战，以及对其所受损伤进行适当的修理。

造成该级舰这一弱点的症结在于设计中过分强调对高科技的依赖，为节省全寿期费用，依靠自动化系统取代了人力密集型的海军现行伤损—控制体系。

DD21 舰的任务需求报告规定该级舰的最大舰员编制为 95 人，其中包括直升机分队。如此少的舰员只能在海战中执行作战使命，以及对确实有效的伤损—控制体系提供保障支援。一旦发生损伤，DD21 根本没有足够的人员储备。DD21 作为美国海军具有革命性的、面向 21 世纪的新一代水面舰艇，具有优越的作战性能，特别是在对地攻击能力方面。但该级舰自从设计开始，便存在着这样一个致命的弱点。

【点评】DD21，又称为对地攻击驱逐舰，其主要作战使命是执行对地攻击、前沿存在、维和任务，以及在进攻性海战中打击敌方水面力量。这是一种多用途舰艇，需要具备多种操纵特性和作战能力。不幸的是，过分强调先进的技术和装备，在提高了作战性能、减少了舰员数量、降低了全寿命周期费用的同时，也给该舰埋下了巨大隐患。

航空母舰："浮动的海上机场"

航空母舰上最显眼的就是与陆上飞机场跑道相似的飞行甲板。在一般军舰上，主甲板最长有 200 米左右，最短的只有 10 多米，最宽也不超过 40 米，最窄只有几米。相比较而言，航空母舰的飞行甲板就显得特别长、特别宽，并呈多边形状。航空母舰上的飞行甲板的面积要比一般军舰大几倍甚至十几倍。如美国"尼米兹"级核动力航空母舰总长332.9米，飞行甲板宽76.8米，相当3个足球场的面积。

"尼米兹"级航空母舰

为适应海上作战，航空母舰载有多种武器与大量弹药。航空母舰上装载的飞机有歼击机、攻击机、反潜机、预警机、侦察机、加油机、救护机等机种，少至40多架，多至近百架。除此之外，航空母舰上还装备有各类火炮和导弹发射架等自卫武器。其装备的电子设备数量惊人。一艘现代航空母舰，仅各种雷达发射机就有80多部，接收机有150余部，雷达天线近70个，无线电台百余部。此外还有各种各样的"战术数据系统"，以指挥各种武器迅速准确地对敌射击。

为了能使如此重量的庞然大物在海上行走，航空母舰上安装了巨大的动力装置。如美国"尼米兹"级航空母舰的满载排水量91500吨，相当于9000辆装满货物的解放牌卡车或1100多个装满货物的火车皮的总重量。可航空母舰航行起来的速度却不慢，达30～35节，相当于一般客轮的3～4倍，而这一切，全是由于航空母舰上有一套"劲儿"特别大的动力装置，就美国的"尼米兹"号航空母舰而言，其动力装置的总功率竟达30万马力！差不多和一座中等城市的厂矿企业所需的动力相当。此外，航空母舰上所需要的用电量也很大，一艘现代化的航空母舰上的总发电量达2万千瓦，与一座中等城市照明用电量差不多。

【点评】航空母舰是现有舰种中吨位、体积、作战能力等方面都居各种舰艇之首的大型舰艇，由于其以舰载机为主要作战武器，所以人们把它称作"浮动的海上机场"。

主要参考书目

1. 刘俊英编著：《空战武器库》，军事谊文出版社 2005 年 4 月第 1 版。

2. 张兵编著：《海战武器库》，军事谊文出版社 2005 年 5 月第 1 版。

3. 张俊红主编：《军事·武器·战争》，中国言实出版社 2005 年 4 月第 1 版。

4. 薄玉成编著：《未来战争及武器导论》，兵器工业出版社 2006 年 9 月第 1 版。

5. 宋立志编著：《特种部队武器装备》，中央编译出版社 2006 年 10 月第 1 版。

6. 王强编著：《太空神箭——定向能武器》，华中师范大学出版社 2000 年 6 月第 1 版。

7. 纪青编著：《21 世纪尖端武器》，国防大学出版社 1998 年 10 月第 1 版。

8. 曹永胜编著：《当代国外最新武器知识·海上强力舰艇》，西苑出版社 2001 年 5 月第 1 版。

9. 孙家栋主编：《导弹武器与航天器装备》，原子能出版社 2003 年 7 月第 1 版。

10. 周学志编著：《超级杀手：核生化武器探秘》，中国经济出版社 2005 年 1 月第 1 版。

11. 陈坚等著：《经典武器 TOP - 10》系列丛书，解放军出版社 2004 年 1 月第 1 版。

12. 岳长胜编著：《美国武器装备透视》，国防工业出版社 2002 年 1 月第 1 版。

13. 周国泰主编：《军事高技术与高技术武器装备》，国防大学出版社 2005 年 10 月第 1 版。

14. 施鹤群主编：《世界著名陆战武器》，哈尔滨工程大学出版社 2005 年 4 月第 1 版。

15. 高飞天编：《世界王牌武器库》丛书系列，明天出版社 2001 年 8 月第 1 版。

16. ［美］约翰·亚历山大著：《未来战争——21 世纪战争中的非致命武器》，知识产权出版社 2004 年 9 月第 1 版。